Abdesselem Chikhi

La commande floue directe du couple

Abdesselem Chikhi

La commande floue directe du couple

Associée à la SVM pour l'entrainement de la machine asynchrone

Presses Académiques Francophones

Impressum / Mentions légales

Bibliografische Information der Deutschen Nationalbibliothek: Die Deutsche Nationalbibliothek verzeichnet diese Publikation in der Deutschen Nationalbibliografie; detaillierte bibliografische Daten sind im Internet über http://dnb.d-nb.de abrufbar.
Alle in diesem Buch genannten Marken und Produktnamen unterliegen warenzeichen-, marken- oder patentrechtlichem Schutz bzw. sind Warenzeichen oder eingetragene Warenzeichen der jeweiligen Inhaber. Die Wiedergabe von Marken, Produktnamen, Gebrauchsnamen, Handelsnamen, Warenbezeichnungen u.s.w. in diesem Werk berechtigt auch ohne besondere Kennzeichnung nicht zu der Annahme, dass solche Namen im Sinne der Warenzeichen- und Markenschutzgesetzgebung als frei zu betrachten wären und daher von jedermann benutzt werden dürften.

Information bibliographique publiée par la Deutsche Nationalbibliothek: La Deutsche Nationalbibliothek inscrit cette publication à la Deutsche Nationalbibliografie; des données bibliographiques détaillées sont disponibles sur internet à l'adresse http://dnb.d-nb.de.
Toutes marques et noms de produits mentionnés dans ce livre demeurent sous la protection des marques, des marques déposées et des brevets, et sont des marques ou des marques déposées de leurs détenteurs respectifs. L'utilisation des marques, noms de produits, noms communs, noms commerciaux, descriptions de produits, etc, même sans qu'ils soient mentionnés de façon particulière dans ce livre ne signifie en aucune façon que ces noms peuvent être utilisés sans restriction à l'égard de la législation pour la protection des marques et des marques déposées et pourraient donc être utilisés par quiconque.

Coverbild / Photo de couverture: www.ingimage.com

Verlag / Editeur:
Presses Académiques Francophones
ist ein Imprint der / est une marque déposée de
OmniScriptum GmbH & Co. KG
Heinrich-Böcking-Str. 6-8, 66121 Saarbrücken, Deutschland / Allemagne
Email: info@presses-academiques.com

Herstellung: siehe letzte Seite /
Impression: voir la dernière page
ISBN: 978-3-8381-4762-8

Zugl. / Agréé par: Batna,Université batna,2013

Copyright / Droit d'auteur © 2014 OmniScriptum GmbH & Co. KG
Alle Rechte vorbehalten. / Tous droits réservés. Saarbrücken 2014

Avant-propos

Ce livre est destiné à l'intention des étudiants qui préparent une licence ou un master en électrotechnique dans le domaine de la commande des machines électriques. Il traite des techniques nouvelles pour améliorer les performances statiques et dynamiques de l'entrainement de la machine asynchrone.

Il a été rédigé avec un aspect descriptif, en se basant sur des études de simulation sous environnement Matmab/ Simulink faciles à réaliser afin que l'étudiant dispose d'un outil pratique lui permettant l'appréhension et le recouvrement optimal des connaissances qui lui sont demandés. En effet la compréhension des phénomènes est un préalable à tout traitement mathématique. Cependant l'étude expérimentale est fondamentale, elle permet à l'étudiant de se trouver en présence du matériel le plus usuel afin de bien parfaire ses connaissances théoriques.

Le premier chapitre aborde la problématique et l'état de l'art des techniques de commande de l'entrainement des machines asynchrones.

Dans le deuxième chapitre nous développons la technique du contrôle directe du couple (DTC).

Le troisième chapitre abordera les principes de base de la commande et du réglage par logique floue

Dans le quatrième chapitre nous nous intéressons au problème de la fréquence de commutation de l'onduleur et la technique de modulation de vecteur d'espace (SVM) la plus appropriée pour cette commande.

Le cinquième chapitre sera réservé à l'intérêt de robustesse que suscite la commande flou directe du couple (FDTC) basée sur une technique de modulation vectorielle (SVM).

On ne saurait trop recommander aux étudiants la lecture d'autres ouvrages auquel ce polycopié fait référence entre autres les articles mentionnés dans la partie réservée à l'étude comparative.

SOMMAIRE

Sommaire……………………………………………………………………....1
Notations et symboles…………………………………………………..........5
Introduction générale………………………………………………………..6
Chapitre 1. Problématique et état de l'art……………………………….11
  1. Problématique et état de l'art…………………………………………….11
  1.1. La commande scalaire……………………………………………… 11
  1.2. La commande basée sur la passivité(PBC)…………………………. 11
  1.3 Le contrôle vectoriel par orientation du flux rotorique (FOC)……………..12
  1.4 La technique de contrôle directe du couple (DTC)……………………....13
  1.5 La technique de commande par mode de glissement………………13
  2. Problématique de la commande de la MAS sans capteur…………...............13
  2.1 Notions d'estimation et observation ………………………………….14
  2.2 Les méthodes de commande sans capteur mécanique……………………..15
Conclusion……………………………………………… ……… 19
Chapitre 2. Contrôle direct du couple de la machine asynchrone…………….22
  2.1 Introduction…………………………………………………………....22
  2.2 Principe de la commande direct du couple………………………………...22
  2.3 Présentation de la structure de commande………………………………..26
  2.4 Estimateurs....……………………………………………………………28
  2.5 Elaboration du vecteur de commande...…………………………………29
  2.6 Stratégie de commande DTC par la méthode deTakahashi……………….....33
  2.7 Structure générale de la DTC ………………… …………………….33
  2.8 Schéma de simulation………………………………………………….33
  2.9 Résultats de simulations……………………………… ………..33
  2.10 Robustesse vis à vais de la variation paramétrique…………………….....42
  2.11 Influence de la fréquence d'échantillonnage……………………… ……45

Conclusion……………………………………………………………………47

Chapitre 3. Commande direct du couple de la MAS. Apport de la logique ……48

3.1 Introduction……………………………………………………………… 48

3.2 Théorie de la logique floue …………………………………………… 48

3.3 Principe historique de la logique floue………………………………… 49

3.4 Application de la logique floue……………………………………… …………49

3.5 Ensemble flou et variables linguistiques…………………………………………50

3.6 Différentes formes des fonctions d'appartenance…………………………… 52

3.7 Opérateurs de la logique floue……………………………………………54

3.8 Interférences à plusieurs règles floues……………………………… ……… 56

3.9 Régulateur par logique floue………………………………………………57

3.10 Avantages de la commande par la logique floue……………………………63

3.11 L'influence de la résistance du stator sur la DTC MAS……………………… 64

3.12 Résultats de simulation et interprétation………………………………………… 66

3.13 Amélioration des performances de la DTC classique par la logique floue……72

Conclusion…………………………………………………………………… 83

Chapitre 4. Amélioration de la DTC par la SVM………………………………85

4.1 Introduction……………………………………………………………………85

4.2 Etude du régime transitoire et établi du flux statorique………………………… 85

4.3 Contrôle direct du couple basé sur la modulation vectorielle SVM…………… 88

4.4 structure de contrôle DTC à base de SVM……………………………………… 97

4.5 Résultats de simulations……………………………………………………… 99

4.6 Tests de robustesse…………………………………………………………… 100

4.7 Effet des paramètres de réglage sur les performances de la DTC SVM……… 102

4.8 Test de robustesse pour l'inversion du sens de rotation de la machine……… 105

Conclusion……………………………………………………………………… 106

Chapitre 5. La Commande directe floue du couple (DFTC) basée sur la SVM 108
  5.1 Introduction……………………………………………………………… 108
  5.2 le contrôle flou direct du couple avec l'onduleur de tension………………… 108
  5.3 Principe du contrôle flou direct du couple DFTC…………………….… 112
  5.4 Résultats de simulation………………………………………………… 117
Conclusion………………………………………………………………… 119
Conclusion générale..121
 Etude comparative……………………………………………………… …124
 Référence bibliographique……………………………………………… 134

Notations et Symboles

FDTC	Fuzzy Direct Torque Control
PBC	Commande Basée sur la Passivité
STR	Self Tuning Regulator
MLI	Modulation de Largeur d'Impulsion
PWM	Pulse Width Modulation
SVPWM	Space Vector Pulse Width Modulation
SVM	Space Vector Modulation
MRAC	Model Référence Adaptive Control
PG	Positif Grand
NG	Négatif Grand
EZ	Environ Zéro
MI	Moteur à Induction
PI	Correcteur Proportionnel Intégral
I	Inférence
F	Fuzziffucation
D	Déffuziffucation
FOC	Field Oriented Control
DTC	Direct Torque Control
DSC	Direct Self Control
DTFC	Direct Torque and Flux Control

Introduction générale

L'industrie moderne a besoin de plus en plus de système d'entraînement à vitesse variable dont le domaine d'utilisation ne cesse de croître, et exige toujours de meilleures performances. La machine à courant continu a fourni le premier actionneur électrique performant pour la variation de vitesse. Ce type d'actionneur occupe encore une place privilégiée dans la réalisation des asservissements destinés à l'usage industriel. Ceci est essentiellement dû à la simplicité des lois de contrôles de ces moteurs, grâce au découplage naturel qui existe entre le flux et le couple. Cependant la présence du collecteur mécanique pose de nombreux problèmes. Les machines à courant continu ne peuvent être utilisées dans le domaine de grande puissance, ni en milieu corrosifs ou explosifs [1].

Face à ces limitations, la machine asynchrone fait l'objet de nombreuses études depuis l'évolution de la technologie de l'électronique de puissance. En effet les moteurs à induction ont plus d'avantages sur le reste des moteurs. Le principal avantage est que les moteurs à induction ne nécessitent pas de connexion électrique entre les parties fixes et celles en rotation. Par conséquent, ils n'ont pas besoin de collecteur mécanique conduisant à la réalité qu'ils sont des moteurs sans entretien. En outre, ils ont également un poids et l'inertie faible, aussi un rendement et une capacité de surcharge élevée. Ils sont moins chers et plus robuste et peuvent fonctionner dans un environnement explosif, car aucunes des étincelles ne sont produites Tenant compte de tous les avantages décrits ci-dessus, les moteurs à induction doivent être considéré comme de parfaits convertisseur d'énergie électrique en énergie mécanique Cependant, l'énergie mécanique est plus souvent nécessaire pour réaliser des variateurs de vitesse. De par sa structure, la machine asynchrone à cage d'écureuil possède un défaut important par rapport à la machine à courant continu et aux machines de type synchrone, l'alimentation par une seule armature fait que le même courant crée le flux et le couple et ainsi les variations du couple provoquent des variations du flux. Ce type de couplage donne à la machine asynchrone un modèle complètement non linéaire, ce qui rend complexe la commande de cette machine [2]

La recherche dans ces disciplines pousse l'entraînement à vitesse variable à un niveau de développement sans précédent, où l'on peut avoir des systèmes de commande de haute performance et plus fiable. Grâce à ces développements, les moteurs asynchrones remplacent de plus en plus les moteurs à courant continu dans les applications industrielle. Elles présentent l'avantage d'être robustes, et de construction plus simple. Par contre, leur commande est beaucoup plus complexe que celles des moteurs à courant continu. Malgré que les techniques de commande pour les machines asynchrones soient matures, un système de commande de haute performance, flexible, fiable et peu coûteux reste encore un défi pour les chercheurs et producteurs.

Ces dernières années de nombreuses études ont été menées pour développer les différentes solutions pour le contrôle du moteur à induction avec des performances satisfaisantes consacrées par une réponse du couple précise et rapide et la réduction de la complexité des algorithmes du contrôle vectoriel. La technique de contrôle direct du couple DTC a été reconnue comme une alternative dans les applications industrielles et une solution viable pour satisfaire à ces exigences. néanmoins , les performances de la DTC sont limitées pour des raisons dus à la présence des comparateurs à hystérésis dont l'ondulation élevée du couple, une fréquence de commutation variable, et plus particulièrement de l'inefficacité de l'entrainement de la machine à basse vitesse qui est altérer en raison de la chute importante du flux du stator, nous a amène a faire recourt á d'autres stratégies ou on peut maintenir la fréquence de commutation constante. Ainsi, sont apparues les méthodes dites de modulation du vecteur d'espace SVM Afin de surmonter ces problèmes, différentes méthodes seront présentés, permettant une réduction substantielle des ondulations de courant et du couple à l'aide du calcul du vecteur de tension espace qui compense avec exactitude les erreurs de flux et de couple à chaque période du cycle. Afin d'appliquer ce principe, le système de contrôle devrait être en mesure de générer le vecteur tension désirée en utilisant la technique de modulation vectorielle SVM. Ces méthodes nécessitent des systèmes de contrôle plus complexe que la DTC de base et présentent une dépendance des paramètres du moteur. L'augmentation du nombre de vecteurs de tension permet une définition plus précise des tables de commutation dans lequel la sélection des vecteurs de tension est utilisée conformément à la vitesse du rotor, ainsi que l'erreur du flux et l'erreur de couple, sans augmenter la complexité du schéma DTC classique. Il existe différents types de modulation du contrôle directe du couple. DTC SVM en boucle fermée avec contrôle du couple, en boucle fermée avec contrôle du flux et en boucle fermée avec contrôle du flux et du couple Chaque technique effectue un contrôle différent, mais les objectifs demeurent toujours semblables, la recherche de la fréquence de commutation constante et la réduction de l'ondulation de couple. Les différences entre les divers DTC-SVM sont sur la façon dont la tension de référence est généré on note aussi l'utilisation des techniques de l'intelligence artificielle, tels que les contrôleurs de la logique floue associée aux réseaux de neurones avec SVPWM, néanmoins la complexité de la commande est considérablement augmentée. Une approche différente pour améliorer les caractéristiques DTC est d'employer les différentes topologies des onduleurs de la standard à deux niveaux aux onduleurs multi-niveaux qui sont de plus en plus utilisés dans les grandes puissances et moyenne tension en raison de la supériorité de leurs performances [3] , [4], [5].

Les développements de la technologie des microprocesseurs résident en plusieurs branches: processeurs, architectures, et mémoires, qui permettent d'implanter en temps réel des algorithmes les plus sophistiques.

La mise en œuvre effective d'une loi de commande sur un système dynamique nécessite la connaissance de son état ou d'une partie de celle-ci, a chaque instant, en pratique, la connaissance partielle de l'état s'obtient grâce à des mesures effectuées avec des capteurs tels que les codeurs incrémentaux ,génératrices tachymétries ,accéléromètres ,etc....Ces mesures sont souvent bruitées ,ce qui dégrade les performances d'une boucle de régulation , pour des raisons techniques et de coût , la dimension du vecteur de sortie ou de mesure étant inférieure à la dimension du vecteur d'état ,elle ne permet pas une déduction algébrique du vecteur d'état

De cette constatation est née l'idée de la substitution du capteur physique par un autre de type algorithmique qui est un estimateur ou un observateur, ou la vitesse et/ou la position du rotor ne sont plus directement mesurés mais calculés à partir des terminaux électriques du stator de la machine. La recherche de la fiabilité optimum du système est théoriquement garantie par la réduction du nombre de capteurs qui sont en fait si important pour le retour de l'information nécessaire à sa commande.il est important de chercher à exploiter au maximum les capteurs utilisés ou de chercher à les supprimer chaque fois que les performances de l'application les permettent. Le capteur algorithmique dont le modèle est non linéaire peut être rejeté parfois par la commande du système. En effet, la stabilité de l'ensemble doit être dans ce cas dument observée. Le problème de la sensibilité paramétrique du modèle de la machine aggravé, par la présence du bruit de mesure, du convertisseur et autres, aura non seulement un impact sur l'observabilité de la vitesse et/ou de la position spécialement aux basses fréquences, mais aussi un impact sur les performances et la robustesse de la commande de la machine ainsi élaborée [6]

Dans ce contexte, les techniques de l'intelligence artificielle, notamment la logique floue, pourront être utilisé pour leurs capacités de résoudre les problèmes liés aux erreurs découlant de la modélisation et de la méconnaissance du modèle du système à commander. Un contrôleur flou à l'aptitude d améliorer les performances dynamiques et statiques respectivement en poursuite et en rejection d'un contrôle bouclé et cela indépendamment de la connaissance du modèle du système à commander.

La logique floue, depuis les travaux de Lofti Zadé [7], a connu un réel succès dans la commande de systèmes complexes non linéaires. Des applications utilisant les systèmes flous ont été développées dans plusieurs domaines du génie électrique. Les modèles flous ont la propriété d'approximer n'importe quelle fonction non linéaire et l'autre avantage est qu'il est possible de s'en passer d'un modèle explicite du procédé. Un jeu de règles floues traduit alors le comportement des opérateurs en termes de stratégie de commande. Une telle approche permet d'éviter la phase de modélisation nécessaire à la mise en œuvre des techniques de synthèse de l'automatique conventionnelle.

Chapitre 1
Problématique et état de l'art des techniques de commande
1. Problématique et état de l'art
L'évolution de la théorie du système de commande a donné naissances à une multitude de techniques qui assure l'asservissement et la régulation de la machine asynchrone, Cependant, face aux systèmes non linéaires qui présentent des structures fortement complexes, la synthèse des régulateurs exige une étude détaillée de la dynamique du système et en l'absence d'information à priori sur ce dernier, cette tâche est d'autant plus difficile. D'innombrables travaux ont été réalisés pour mettre au point des commandes performantes de la machine asynchrone à cage.

1.1. La commande scalaire
La commande scalaire, la plus ancienne et la plus rustique, correspond à des applications n'exigeant que des performances statiques et dynamiques moyennes. De nombreux variateurs équipés de ce mode de contrôle sont utilisés, en particulier pour des applications industrielles de pompage, climatisation, ventilation. Les puissances installées correspondantes sont importantes.

Le contrôle scalaire de la machine asynchrone consiste à imposer aux bornes de son induit, le module de la tension ou du courant ainsi que la pulsation. Ce mode de contrôle s'avère le plus simple quant à sa réalisation, mais également le moins performant, surtout pour les basses vitesses de fonctionnement et forts couples [8]. Il ne convient pas du tout pour réaliser un positionnement de la machine asynchrone.

1.2. La commande basée sur la passivité (PBC)
La commande basée sur la passivité (PBC) est une technique bien établie pour la commande des systèmes mécaniques. néanmoins Il est bien connu que les contrôleurs linéaires(PI) , lorsqu'ils sont convenablement ajustés, fournissent des solutions satisfaisantes pour beaucoup d'applications pratiques sans pour autant avoir besoin d'une description détaillée de la dynamique du système. Cependant, en présence d'effets non linéaires non négligeables, leurs performances se dégradent et il est alors nécessaire de réajuster les gains ou de faire appel à une approche adaptative. La (PBC) permet

d'obtenir des contrôleurs robustes qui ont une interprétation physique claire en termes d'interconnexions du système avec son environnement. En particulier, l'énergie totale du système en boucle fermée est la différence entre l'énergie du système et l'énergie fournie par le contrôleur. De plus, vu que la structure d'Euler-Lagrange est préservée en boucle fermée, la (PBC) dispose d'une stabilité robuste vis-à-vis des effets dissipatifs non modélisés et exhibe de très bonnes performances dues à son optimalité inverse. Malheureusement, cette propriété intéressante est perdue lorsque cette technique est appliquée à certains systèmes, en l'occurrence, pour les systèmes électriques et électromécaniques ou la synthèse de cette procédure d'ajustement des gains est d'autant plus compliquée lorsqu'on ne dispose que d'une description grossière des incertitudes non linéaires quelques exemples types sont la présence de frottement et d'excentricité dans les systèmes mécaniques et le manque d'informations au sujet de la fonction de réaction dans les processus [9].

1.3 Le contrôle vectoriel par orientation du flux rotorique (FOC)

Le contrôle vectoriel par orientation du flux rotorique (FOC) a été développé pour supprimer le couplage interne de la machine et la ramener à une commande linéaire similaire à celle d'une machine à courant continu à excitation séparée. Toutefois cette technique de commande présente relativement une certaine sensibilité liée aux variations paramétriques. En effet dépendant directement du modèle de connaissance de la machine, la robustesse de l'algorithme de commande vectoriel est remise en question et particulièrement au niveau du régulateur PI conventionnel provoquant des variations du flux liées à celles du couple. La technique à flux orienté, qui semble avoir tenue beaucoup d'intérêt pour l'entrainement des machines alternatives malgré les inconvénients de la nécessité d'un calculateur puissant et d'un capteur mécanique pour la transformation des coordonnées ainsi que de la dépendance des paramètres de la machine a encouragé les recherches dans ce domaine qui ont développés la technique de contrôle directe du couple (DTC).

1.4 La technique de contrôle directe du couple (DTC).

Les principes de ce type de commande (DTC) ont été élaborés dans la deuxième moitié des années 1980, ce type de commande à été présenté comme une alternative à la commande vectorielle à flux oriente, qui présente l'inconvénient majeur d'être relativement sensible aux variations des paramètres de la machine. Le contrôle direct de couple se démarque donc par une structure simplifiée, minimisant l'influence des paramètres de la machine, et ne nécessitant pas de capteur [10].

1.5 La technique de commande par mode de glissement

Les lois de commande classique du type PI donnent des résultats satisfaisants dans le cas des systèmes linéaires à paramètres constants, cependant pour les systèmes non linéaires, Ou ayant des paramètres non constants, ces lois de commande classique peuvent être insuffisantes car elles sont non robuste surtout lorsque les exigences sur la précision et autres caractéristiques dynamiques du système sont strictes ,on doit faire appel à des lois de commande insensible aux variations de paramètres, aux perturbations et aux non linéarités. La commande par les modes glissants est un cas particulier de la commande à structure variable, elle consiste à amener la trajectoire d'état d'un système vers une surface de glissement (surface de commutation) et de faire commuter à l'aide d'une logique de commutation appropriée autour de celle _ci jusque au point d'équilibre ,d'où le phénomène de glissement [11].

2. Problématique de la commande de la machine asynchrone sans capteur

Dans les variateurs de vitesse par moteur à induction, où la commande vectorielle est utilisée, la boucle de vitesse est basée sur la connaissance et la mesure de la vitesse du rotor, cette dernière est fournie par un capteur de vitesse, à savoir : tachymètre, résolveur, codeur digital etc... Cependant, dans certaines applications, il est difficile d'exploiter un capteur de vitesse. L'une des applications les plus importantes est l'utilisation des pompes pour refouler le pétrole vers l'extérieur des gisements « pompage du pétrole ». Ces pompes doivent fonctionner sous la surface de la mer (pompes immergées), parfois à des profondeurs de 50m, et la mesure de la vitesse exige dans ce cas des longueurs supplémentaires du câblage, chose qui se répercute sur le coût de l'installation ainsi que sur la qualité de l'information. Par ailleurs, il est clair, que dans la majorité des cas, la réduction du nombre des capteurs permet,

D'une part, de réduire le coût de l'installation et, d'autre part, d'améliorer la précision des mesures ainsi que la disponibilité des équipements. Ces dernières années, un nombre important d'idées a été développé et appliqué en vue de résoudre ce problème. L'une des premières techniques utilisées pour estimer la vitesse, est basée sur la mesure des valeurs instantanées des tensions et des courants de la machine à induction. Par ailleurs, toutes ces propositions peuvent être classées dans l'une ou l'autre des catégories suivantes :

- Estimation en boucle ouverte basée sur la connaissance des tensions et des courants statoriques;
- Estimation basée sur l'analyse des harmoniques (le calcul de l'harmonique d'ordre 3),
- Utilisation des techniques MRAS (Model Référence Adaptive System),
- Utilisation du Filtre de Kalman et de l'observateur de Luenberger ,
- Emploi d'observateurs basés sur l'utilisation des techniques de l'intelligence artificielles (logique floue et réseaux de neurones artificiels).

2.1 Notions d'estimation et observation

Pour des raisons de coût ou des raisons technologiques, il est parfois trop contraignant de mesurer certaines grandeurs du système. Cependant ces grandeurs peuvent représenter une information capitale pour la commande ou la surveillance. Il est alors nécessaire de reconstruire l'évolution de ces variables qui ne sont pas issues directement des capteurs. Il faut donc réaliser un capteur indirect. Pour cela, on utilise des estimateurs ou, selon le cas, des observateurs. Un estimateur permet de reconstruire la grandeur recherchée en calculant en temps réel l'évolution d'un modèle du processus commande.

Dans le cas de l'observateur, on compare l'évolution du modèle et du système réel en mesurant

L'erreur sur des grandeurs que l'on peut directement capter. Cette erreur est alors utilisée pour faire converger le modèle vers le système réel. L'estimation/observation, qui est un module essentiel, demande souvent des calculs assez complexes avec des contraintes temporelles identiques à celles de la régulation [12].

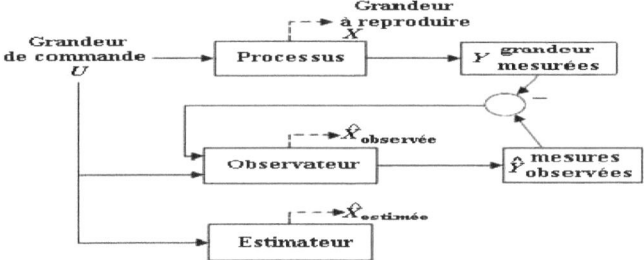

Fig. 1.1 Schéma de principe représentant la différence entre l'observateur et l'estimateur.

2.2 Les méthodes de commande sans capteur mécanique
2.2.1 Méthodes avec modèle
a/ Méthodes à base d'estimateur

Les estimateurs connus longtemps, s'appuient sur la duplication de modèle d'état dans la partie de commande afin de reconstruire les variables internes inaccessibles sur le système réel. Nombreuses sont les méthodes proposées dans la littérature qui traitent la commande sans capteur vitesse de la machine.

a.1/ La loi d'auto-pilotage

La méthode d'estimation de la vitesse utilise la loi d'autopilotage des machines électriques et peut être facilement implantée. Elle repose dans le cas de la machine asynchrone sur la relation fondamentale entre les fréquences propres de la machine asynchrone. L'objectif de cette méthode est d'obtenir la vitesse électrique du rotor à partir des deux autres fréquences du

moteur, qui peuvent être estimées. Ces estimations sont évaluées à partir des courants statoriques mesurés et des flux rotorique (courants magnétisants) estimés du moteur.

a.2/ Estimation de la vitesse par la technique MRAS

Le Système Adaptatif à Modèle de Référence est basée sur la comparaison des sorties de deux estimateurs. Le premier, qui n'introduit pas la grandeur à estimer (la vitesse dans notre cas), est appelé modèle de référence et le deuxième est le modèle ajustable.

L'erreur entre ces deux modèles pilote un mécanisme d'adaptation qui génère la vitesse. Cette dernière est utilisée dans le modèle ajustable.

a.3/ Méthodes à base d'observateur

Le problème posé par le traitement en boucle ouvert peut être évité en utilisant des observateurs afin de reconstituer l'état du système. En fait, un observateur n'est qu'un estimateur en boucle fermée qui introduit une matrice de gains pour corriger l'erreur sur l'estimation. Afin de pouvoir observer les grandeurs non mesurables de la machine, il est nécessaire que le système soit observable. Différentes structures d'observateurs d'état, ont été proposées en littérature. Elles sont très attractives et donnent de bonnes performances dans une gamme étendue de vitesse.

a.4/ Observateur déterministe

Dans la pratique, l'observateur déterministe prend deux formes différentes, observateur d'ordre réduit ou seulement les variables d'état non mesurables du système sont reconstruites, et l'observateur d'ordre complet pour lequel toutes les variables d'état du système sont reconstruites. Les observateurs présentent une entrée supplémentaire qui assure éventuellement la stabilité exponentielle de la reconstruction, et impose la dynamique de convergence. Les performances de cette structure dépendent bien évidemment du choix de la matrice gain.

a.5/ Observateur stochastique (Filtre de Kalman)

Une des méthodes utilisées pour l'estimation de la vitesse de la machine asynchrone est le filtre de Kalman étendu, Le filtre de Kalman est un observateur non linéaire en boucle fermée dont la matrice de gain est variable. A chaque pas de calcul, le filtre de Kalman prédit les nouvelles valeurs des variables d'état de la machine asynchrone (courant statoriques, flux rotorique et vitesse). Cette prédiction est effectuée soit en minimisant les effets de bruit et les erreurs de modélisation des paramètres ou des variables d'état soit par un algorithme génétique.

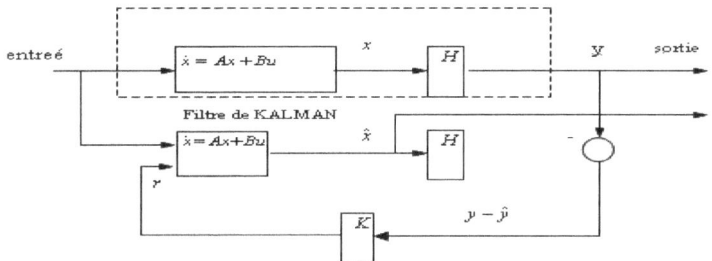

Fig.1.2 Filtre de Kalman

2.2.2 Méthodes sans modèle

b.1/ Estimation de la vitesse à partir des saillances de la machine

Généralement, les machines à induction sont théoriquement conçues symétriques et ne doivent pas comporter de saillances. Donc la machine présente des saillances à cause des imprécisions de construction (comme l'excentricité), de l'existence des encoches rotoriques et du phénomène de saturation. Les saillances présentes dans une machine introduisent une variation spatiale des paramètres (résistance ou inductance), et permettent au courant ou à la tension de contenir des informations sur la position de ces saillances et par conséquent la position du rotor, donc une information sur la vitesse. On peut dénombrer diverses techniques pour l'estimation de la vitesse utilisant cette donnée physique de la machine liée à la présence de saillances L'insensibilité vis-à-vis des paramètres de la machine constitue l'un des grands avantages pour ces techniques en contre partie de l'exigence de moyens performants en termes de traitement du signal. Le défi reste donc dans la réalisation de l'estimation en temps réel, spécialement pour les commandes bouclées.

b.2/ Estimation basée sur l'intelligence artificielle

Les algorithmes génétiques, la logique floue et les réseaux neurones sont tous des techniques de calcul numérique à base d'intelligence artificielle, qui est populaire dans le domaine de l'informatique. Mais, de plus en plus, des applications à base de ces nouvelles approches de calcul numérique se développent pour des applications pratiques dans les domaines de la science et de l'ingénierie. Les observateurs ou bien les estimateurs basés sur les techniques de l'intelligence artificielle amènent une meilleure dynamique, une meilleure précision et ils sont plus robustes. Leurs robustesses sont très bonnes même pour des variations importantes des paramètres de la machine. Néanmoins, le besoin de la connaissance parfaite du système à régler ou à estimer et le manque de l'expertise

sur système limitent les applications actuelles à une gamme bien spécifique.

b.3/ Estimation adaptative de la vitesse avec modèle de référence (MRAS)

Le principe d'estimation par cette méthode repose sur la comparaison des grandeurs obtenues de deux façons différentes, d'un coté par un calcul ne dépendant pas explicitement de la vitesse (modèle de référence) et d'autre coté par un calcul dépendant explicitement de la vitesse (modèle adaptatif). Cette méthode développée par Schauder, est connue sous le nom d'origine anglo-saxonne Model Référence Adaptive System (MRAS).

Pour l'estimation de la vitesse, il propose la comparaison de l'estimation du flux commun obtenu avec les équations statoriques (indépendantes explicitement de la vitesse) et d'autre part avec les équations rotoriques (dépendantes explicitement de la vitesse). L'objectif est de trouver le paramètre vitesse du modèle adaptatif afin d'assurer les résultats des deux estimations de flux rotorique identiques. Ainsi la valeur de la vitesse estimée devient celle de la vitesse réelle. Le fonctionnement adéquat de l'estimation est assuré par un choix judicieux de la fonction d'adaptation pour faire converger le modèle adaptatif vers le modèle de référence à partir du critère de Popov. Cette méthode a un inconvénient, elle utilise que des grandeurs observées de flux pour reconstruire la valeur de la vitesse. C'est pour cela qu'on préfère appliquer une autre approche proposée par Yang qui considère les mesures des courants et les flux estimés comme grandeurs de sortie du modèle de référence (machine asynchrone réelle). Ce choix permet une meilleure précision étant donné que le modèle doit converger vers les grandeurs de sortie de la machine réelle [13].

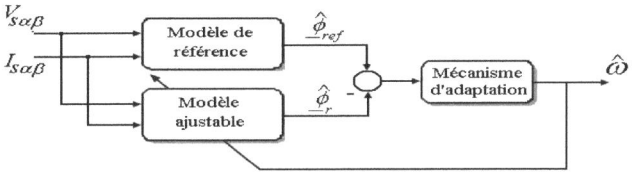

Fig1.3 Estimation de la vitesse de MAS par la technique MRAS.

Dans cette méthode on considère les erreurs d'observation des courants de sortie dues à l'erreur existant dans la vitesse électrique ou fréquence de la matrice d'état du système. Ainsi, la simple comparaison entre les courants observés et les courants mesurés donne l'information nécessaire pour faire évaluer l'erreur dans la vitesse. Ensuite, un régulateur est appliqué afin de minimiser l'erreur trouvée. Ce régulateur sert comme mécanisme d'adaptation.

Conclusion

Dans ce chapitre, nous avons survolé les aspects actuels de la commande de machines asynchrones. Afin de résoudre les inconvénients de la sensibilité à la variation paramétrique engendrée par l'utilisation des estimateurs basés sur le modèle, une recherche a été effectuée sur les différentes approches d'observation sans capteur mécanique de la machine asynchrone pour définir la solution adéquate. L'étude bibliographique nous a permis de bien définir notre objectif de travail. Dans les chapitres suivants, nous allons développer les techniques utilisées, contrôle directe du couple (DTC) et la modulation vectorielle (SVM) [14].

Cependant les observateurs stochastiques sont considérés robuste et plus performants car ils sont moins sensibles aux bruits alors que les observateurs déterministes sont sensibles aux dérives paramétriques et bruités.

A travers ces constations, et à fin de garantir des résultats satisfaisants pour atteindre notre objectif pour l'entraînement de la machine asynchrone à basses vitesse on a présenté au troisième chapitre un estimateur flou pour compenser les influences de la variation de la résistance statorique,et dans le même but ,le cinquième chapitre sera consacré à une commande floue directe du couple (FDTC) de la machine asynchrone pour réaliser une rapidité de réponse du couple, une insensibilité vis-à-vis de la dérive paramétrique, notamment la constante de temps rotorique de la machine, et une convenance systématique à la commande de vitesse sans capteur. Néanmoins, l'application de la (FDTC) aux onduleurs à deux niveaux ne permet pas de limiter la fréquence de commutation (inconvénient principal de cette stratégie de commande), sinon elle génère des fluctuations nuisibles au niveau du couple. Pour pallier ce problème et conserver la simplicité du système, on a impliqué la technique de modulation vectorielle SVM pour maintenir la fréquence de commutation constante et permettre à la (FDTC) de surmonter la problématique exposée ci-dessus et obtenir des résultats qui seront présentés pour illustrer la robustesse d'un tel observateur flou [15].

Et enfin, une conclusion générale du travail accompli sera présentée, pour résumer les principaux résultats obtenus, et donner les perspectives envisagées

Chapitre 2

Contrôle direct du couple de la machine asynchrone

2.1 Introduction

la commande vectorielle par orientation du flux rotorique, présente l'inconvénient majeur d'être relativement sensible aux variations des paramètres de la machine c'est pourquoi on a développé Les méthodes de contrôle direct de couple DTC (direct torque control) des machines asynchrones durant les années quatre-vingt par Takahashi et Depenbrock, dans ces méthodes de contrôle le flux statorique et le couple électromagnétique sont estimés à partir des seules grandeurs électriques accessibles au stator, et ceci sans recours à des capteurs mécaniques [16].

L'absence de boucles de contrôle des courants, de la transformation de Park et du bloc de calcul de modulation de tension MLI rend la réalisation de la commande DTC plus aisée que la commande par orientation de flux rotorique. Cependant, elle présente des problèmes à basse vitesse, la nécessité de disposer des estimations de flux statorique et du couple et les contraintes de calcul sont beaucoup plus fortes (20 à 30 kHz). Elle présente les avantages suivants: [17], [18].

- De n'avoir qu'un seul régulateur, celui de la boucle externe de vitesse.
- Le contrôle par hystérésis limite la fréquence de commutation de l'onduleur.
- La variation des paramètres de la machine présente une grande robustesse.
- Dans ce chapitre on exposera les principes du contrôle direct de couple, puis on développera l'estimation des deux grandeurs utilisées (correcteur à hystérésis) ainsi que la structure générale et la simulation numérique de cette commande

2.2 Principe de la commande direct du couple

Le principe est la régulation directe du couple de la machine, par l'application des différents vecteurs de tension de l'onduleur, qui détermine son état. Les deux variables contrôlées sont : le flux statorique et le couple électromagnétique qui sont commandées par des régulateurs à hystérésis. Dans une commande DTC il est préférable de travailler avec une fréquence de calcul élevée afin de réduire les oscillations de couple provoquées par les régulateurs [19].

Un onduleur de tension classique à 2 niveaux permet d'atteindre 7 positions distinctes dans le plan de phase, correspondant aux huit séquences de tension de l'onduleur.

$$\overline{V}_S = \sqrt{\frac{2}{3}} U_c \left[S_a + S_b e^{j\frac{2\pi}{3}} + S_c e^{j\frac{4\pi}{3}} \right] \tag{2.0}$$

Les différentes combinaisons des 3 grandeurs (S_a, S_b, S_c) permettent de générer huit positions du vecteur $\overline{V}_S$ dont deux correspondant au vecteur nul.

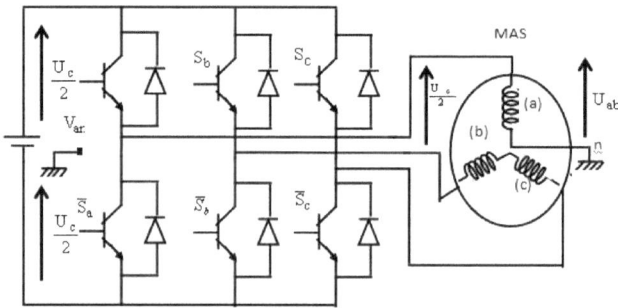

Fig. 2.1 Onduleur de tension et vecteurs de tension V_s

La méthode la plus simple de piloter l'onduleur consiste en un pilotage directe de l'onduleur par applications successives à la période de commande de l'onduleur Te, des vecteurs $\overline{V}_i$ non nuls, et des vecteurs nuls $\overline{V}_0, \overline{V}_7$. Le vecteur de contrôle à donc huit possibilités et le seul réglage possible est le temps d'application des vecteurs (période fixe Te)

2.2.1 Le contrôle vectoriel du couple

On utilise les expressions vectorielles de la machine dans le référentiel lié au stator : [20]

$$\begin{cases} \overline{V}_s = R_s \overline{I}_s + \dfrac{d\overline{\Phi}_s}{dt} \\ \overline{V}_r = 0 = R_r \overline{I}_r + \dfrac{d\overline{\Phi}_r}{dt} - j\sigma\overline{\Phi}_r \end{cases} \qquad (2.1)$$

A partir des expressions des flux, le courant rotor s'écrit

$$\overline{I}_r = \dfrac{1}{\sigma}(\dfrac{\overline{\Phi}_r}{L_r} - \dfrac{L_m}{L_r L_s}\overline{\Phi}_s) \qquad (2.2)$$

$$\sigma = 1 - \dfrac{L_m^2}{L_s L_r} \qquad (2.3)$$

Les équations deviennent :

$$\overline{V}_s = R_s \overline{I}_s + \dfrac{d}{dt}\overline{\Phi}_s$$
$$\dfrac{d}{dt}\overline{\Phi}_r + (\dfrac{1}{\sigma\delta_r} - j\omega)\overline{\Phi}_r = \dfrac{L_m}{L_s}\dfrac{1}{\sigma\delta_r}\overline{\Phi}_s \qquad (2.4)$$

Ces relations montrent que :

- le vecteur $\overline{\Phi}_s$ peut être contrôlé à partir du vecteur $\overline{V}_s$ à la chute de tension $R_s\overline{I}_s$ prés.
- Le flux $\overline{\Phi}_r$ suit les variations de $\overline{\Phi}_s$ avec une constante de temps $\sigma\delta_r$, le rotor agit comme un filtre de constante de temps $\sigma\delta_r$ entre les flux $\overline{\Phi}_s$ et $\overline{\Phi}_r$.

De plus $\overline{\Phi}_r$ atteint en régime permanent :

$$\overline{\Phi}_r = \dfrac{L_m}{L_s}\dfrac{\overline{\Phi}_s}{1 + j\omega_r\sigma\delta_r} \qquad (2.5)$$

En posant $\gamma = (\overline{\Phi_s, \Phi_r})$, le couple s'exprime par :

$$\Gamma_{elm} = p\frac{L_m}{\sigma L_s L_r}\Phi_s \Phi_r \sin\gamma \tag{2.6}$$

On constate donc que le couple dépend de l'amplitude des deux vecteurs $\overline{\Phi}_s$ et $\overline{\Phi}_r$ et de leur position relative.

Si l'on parvient à contrôler parfaitement le flux $\overline{\Phi}_s$ à partir de $\overline{V}_s$ en module et en position, on peut donc contrôler l'amplitude et la position relative de $\overline{\Phi}_r$ et donc le couple. Ceci n'est possible que si la période de commutation T_e est très inférieur à $\sigma\delta_r$.

2.2.2 Le contrôle de flux statorique

$$\overline{\Phi_s} = \int_0^t (\overline{V_s} - \overline{R_s I_s})dt \tag{2.7}$$

Entre deux commutations des interrupteurs de l'onduleur, le vecteur tension sélectionné est toujours le même, d'où :

$$\overline{\Phi}_s(t) = \overline{\Phi}_s(0) + \overline{V}_s t - \int_0^t (R_s \overline{I}_s)dt \tag{2.8}$$

Avec la résistance Rs considéré constante au cours du temps.

Si, pour simplifier, on considère la chute de tension $R_s \overline{I}_s$ comme négligeable devant la tension $\overline{V}_s$. On constate alors que sur l'intervalle [0,T_e], l'extrémité du vecteur $\overline{\Phi}_s$ se déplace sur droite dont la direction est donnée par le vecteur $\overline{V}_s$ sélectionné pendant T_e [21].

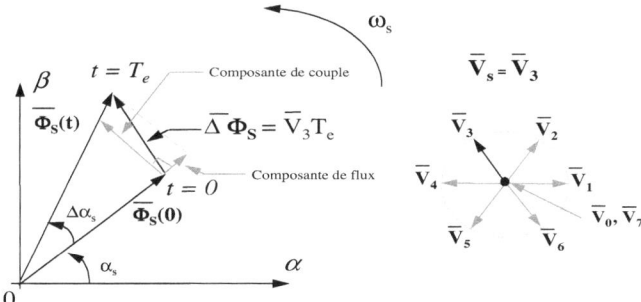

Fig. 2.2 Evolution de l'extrémité de Φ_s

2.3 Présentation de la structure de commande
2.3.1 Choix du vecteur tension $\overline{V}_s$

Le choix du vecteur $\overline{V}_s$ dépend de la position de $\overline{\Phi}_s$ dans le référentiel (S), de la variation souhaitée de son module, de son sens de rotation et de la variation du couple. L'espace d'évolution de $\overline{\Phi}_s$ dans (s) est décomposé en six zones i, avec i= [1,6], telle que représentée sur la figure 2.

Lorsque le flux se trouve dans une zone i, le contrôle du flux et du couple peut être assuré en sélectionnant l'un des huit vecteurs tensions suivants : [22],[23].

- Si $\overline{V}_{i+1}$ est sélectionné alors Φ_s croit et Γ_{elm} croit,
- Si $\overline{V}_{i-1}$ est sélectionné alors Φ_s croit et Γ_{elm} décroît,
- Si $\overline{V}_{i+2}$ est sélectionné alors Φ_s croit et Γ_{elm} croit,
- Si $\overline{V}_{i-2}$ est sélectionné alors Φ_s décroit et Γ_{elm} décroît,
- Si $\overline{V}_0$ ou $\overline{V}_7$ sont sélectionnés, alors la rotation du flux $\overline{\Phi}_s$ est arrêtée, d'où une décroissance du couple alors que le module du flux $\overline{\Phi}_s$ reste inchangé.

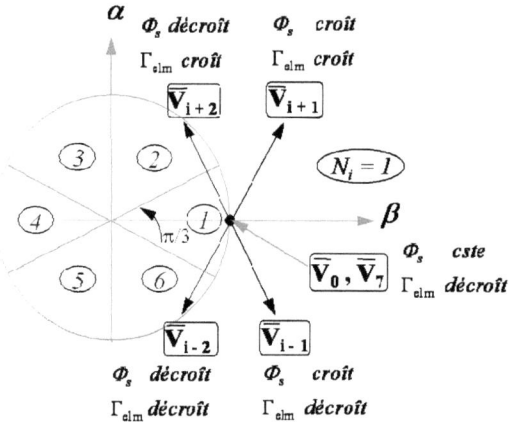

Fig. 2.3 Choix du vecteur tension

En début de zone, les vecteurs $\bar{V}_{I+1}$ et $\bar{V}_{i-2}$ sont perpendiculaires à $\bar{\Phi}_s$ d'où une évolution rapide du couple mais une évolution lente de l'amplitude du flux Φ_s, alors qu'en fin de zone, l'évolution est inverse. Avec les vecteurs $\bar{V}_{i-1}$ et $\bar{V}_{I+2}$, il correspond une évolution lente du couple et rapide de l'amplitude Φ_s en début de zone, alors qu'en fin de zone c'est le contraire.

Les vecteurs $\bar{V}_i$ et $\bar{V}_{I+3}$ ne sont pas utilisés quel que soit le sens d'évolution du couple ou du flux car la composante du flux est très forte avec un couple nul en milieu de zone.

Le vecteur de tension à la sortie de l'onduleur est déduit des écarts de couple et de flux, estimés par apport à leur référence, ainsi que la position du vecteur $\bar{\Phi}_s$.

Un estimateur de flux en module et en position ainsi qu'un estimateur de couple sont donc nécessaires

2.4 Estimateurs

Les consignes d'entrée du système de contrôle sont le couple et l'amplitude du flux statorique. Lorsque celui-ci est applique aux machines asynchrones, le couple représente la troisième entrée de ce système de contrôle. Les performances du système de contrôle dépendent de la précision dans l'estimation de ces valeurs [26], [27]

2.4.1 Estimation du flux statorique

L'estimation du flux statorique est réalisée à partir des mesures des grandeurs statoriques courant et tension de la machine, l'expression du flux statorique s'écrit[28]. [29],[30] .

$$\overline{\Phi_s} = \int_0^t \left(\overline{V_s} - R_s \overline{I_s} \right) dt \qquad (2.9)$$

Le vecteur flux statorique est calculé à partir de ses deux composantes biphasées d'axes (α, β), tel que :

$$\overline{\Phi}_s = \Phi_{s\alpha} + j\Phi_{s\beta} \qquad (2.10)$$

Avec :

$$\Phi s\alpha = \int_0^t (Vs\alpha - RsIs\alpha)dt \quad \text{et} \quad \Phi s\beta = \int_0^t (Vs\beta - RsIs\beta)dt \qquad (2.11)$$

Les calculs sont effectués dans le repère (α, β) auquel on se ramène en appliquant la transformée de Concordia aux valeurs instantanées des courants (i_{sa}, i_{sb}, i_{sc}) et des tensions statoriques (déduites de U_0).

Les calculs sont effectués dans le repère (α, β) auquel on se ramène en appliquant la transformée de Concordia aux valeurs instantanées des courants (i_{sa}, i_{sb}, i_{sc}) et des tensions statoriques (déduites de U_0).

$$I_s = I_{s\alpha} + j.I_{s\beta} \tag{2.12}$$

$$\begin{cases} I_{S\alpha} = \sqrt{\dfrac{2}{3}} i_{Sa} \\ I_{S\beta} = \dfrac{1}{\sqrt{2}} (i_{Sb} - i_{Sc}) \end{cases} \tag{2.13}$$

On obtient ainsi $V_{s\alpha}, V_{s\beta}$, à partir de la tension d'entrée de l'onduleur U_0 et des états de commande (S_a, S_b, S_c), soient :

$$\begin{cases} V_{s\alpha} = \sqrt{\dfrac{2}{3}} U_0 \left(S_a - \dfrac{1}{2}(S_b + S_c) \right) \\ V_{s\beta} = \dfrac{1}{\sqrt{2}} U_0 (S_b - S_c) \end{cases} \tag{2.14}$$

Le module du flux statorique s'écrit

$$|\Phi_s| = \sqrt{\Phi_{s\alpha}^2 + \Phi_{s\beta}^2} \tag{2.15}$$

Le secteur S_i dans le quel se situe le vecteur $\overline{\Phi}_s$ est déterminé à partir des composantes $\Phi_{s\alpha}$ et $\Phi_{s\beta}$. L'angle θ_s entre le référentiel (S) et le vecteur $\overline{\Phi}_s$ est égal à :

$$\theta_s = \operatorname{arctg} \dfrac{\Phi_{s\beta}}{\Phi_{s\alpha}} \tag{2.16}$$

2.4.2 Estimation du couple électromagnétique

On peut estimer le couple Γ_{elm} uniquement en fonction des grandeurs statoriques (flux et courant) à partir de leurs composantes (α, β), le couple peut se mettre sous la forme :

$$\Gamma_{elm} = p \left[\Phi_{s\alpha} I_{s\beta} - \Phi_{s\beta} I_{s\alpha} \right] \tag{2.17}$$

2.5 Elaboration du vecteur de commande
2.5.1 Le correcteur de flux

Son but est de maintenir l'extrémité du vecteur $\overline{\Phi}_s$ dans une couronne circulaire comme le montre la figure (3).

La sortie du correcteur doit indiquer le sens d'évolution du module de $\overline{\Phi}_s$, afin de sélectionner le vecteur tension correspondant. Pour cela un simple correcteur à hystérésis à deux niveaux convient parfaitement, et permet de plus d'obtenir de très bonnes performances dynamiques [31].

La sortie du correcteur, représentée par une variable booléenne [Cflx], indique directement si l'amplitude du flux doit être augmentée [Cflx=1] ou diminuée [Cflx=0] de façon à maintenir :

$$\left| (\Phi_s)_{ref} - \Phi_s \right| \leq \Delta\Phi_s \tag{2.18}$$

Avec : $(\Phi_s)_{ref}$ est le flux de référence, $\Delta\Phi_s$ est la largeur d'hystérésis du correcteur.

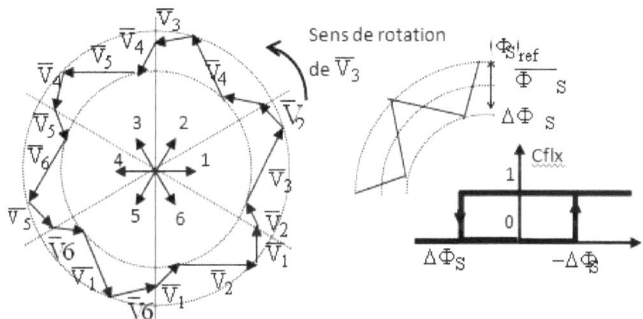

Fig. 2.4 Correcteurs à flux d'hystérésis

2.5.2. Le correcteur du couple

Le correcteur de couple à pour fonction de maintenir le couple dans les limites

$$\left| (\Gamma_{elm})_{ref} - \Gamma_{elm} \right| \leq \Delta\Gamma_{elm} \tag{2.19}$$

Avec : $(\Gamma_{elm})_{ref}$ est le couple de référence et $\Delta\Gamma_{elm}$ est la bande d'hystérésis du correcteur.

Cependant une différence avec le contrôle de flux est que le couple peut être positif ou négatif selon le sens de rotation de la machine [32], [33].

Deux solutions sont à envisager
- un correcteur à hystérésis à deux niveaux,
- un correcteur à hystérésis à trois niveaux

2.5.3 Le correcteur à deux niveaux

Ce correcteur est identique à celui utilise pour le contrôle du module de $\overline{\Phi}_s$. Il n'autorise le contrôle du couple que dans un seul sens de rotation Ainsi seuls les vecteurs $\overline{V}_{i+1}$ et $\overline{V}_{i+2}$, peuvent être sélectionnes pour faire évoluer le flux $\overline{\Phi}_s$ .par conséquent, la diminution du couple est uniquement réalise par la sélection des vecteurs nuls[34].

2.5.4 Le correcteur à trois niveaux

.Dans notre étude on a utilisée un correcteur à hystérésis à trios niveaux comme solution, ce correcteur permet de contrôler le moteur dans les deux sens de rotation, soit pour un couple positif ou négatif.

La sortie du correcteur, présenté par la variable booléenne Ccpl

(Figure2.5) indique directement si l'amplitude du couple doit être augmentée en valeur absolue (ccpl=1) pour une consigne positive et Ccpl=-1 pour une consigne négative, ou diminuée (Ccpl=0)

Ce correcteur autorise une décroissance rapide du couple. En effet pour diminuer la valeur de couple, en plus des vecteurs nuls (arrêt de la rotation de $\overline{\Phi}_S$), on applique les vecteurs $\overline{V}_{i-1}$ ou $\overline{V}_{i-2}$ si l'on choisit un sens de rotation positif (sens conventionnel trigonométrique). Dans ce cas, le flux $\overline{\Phi}_r$ rattrapera très vite le flux $\overline{\Phi}_S$ sans que ce dernier se contente seulement de l'attendre mais va à sa rencontre (inversion du sens de rotation de $\overline{\Phi}_S$) [35].

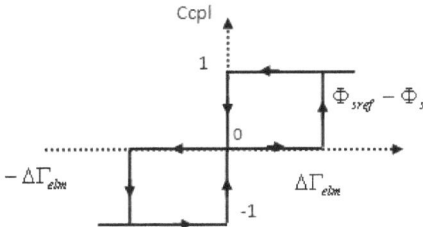

Fig. 2.5 Correcteur de couple à trois niveaux

2.6 Stratégie de commande DTC par la méthode de Takahashi

La méthode de type DTC la plus classique est basée sur l'algorithme suivant [36] :

- Le domaine temporel est divisé en périodes de durée T_e réduites ($T_e \leq 50\mu s$),

- à chaque coup d'horloge, on mesure les courants de ligne et les tensions par phase,

- on reconstitue les composantes du vecteur flux stator,

- l'estimation du couple électromagnétique de la machine est alors possible grâce à l'estimation des composantes de flux et aux mesures des courants de lignes,

- l'erreur entre le flux de référence et le flux estimé est introduite dans un régulateur hystérésis qui génère à sa sortie la variable binaire (cflx) à deux niveaux,

- l'erreur entre le couple de référence et le couple estimé est introduit dans un régulateur hystérésis qui génère à sa sortie une variable logique à trois niveaux (ccpl) afin de minimiser la fréquence de commutation, car la dynamique du couple est généralement plus rapide que celle du flux,

- Le choix de l'état de l'onduleur est effectué dans une table de commutation construite en fonction de l'état des variables (cflx) et (ccpl) et de la zone de la position de flux Φ_s.

En sélectionnant l'un des vecteurs nuls, la rotation du flux statorique est arrêté et entraîne ainsi une décroissance du couple. Nous choisissons V_0 ou V_7 de manière à minimiser le nombre de commutation d'un même interrupteur de l'onduleur [37].

Cflx	1	1	1	0	0	0
Ccpl	1	0	-1	1	0	-1
S_1	V_2	V_7	V_6	V_3	V_0	V_5
S_2	V_3	V_0	V_1	V_4	V_7	V_6
S_3	V_4	V_7	V_2	V_5	V_0	V_1
S_4	V_5	V_0	V_3	V_6	V_7	V_2
S_5	V_6	V_7	V_4	V_1	V_0	V_3
S_6	V_1	V_0	V_5	V_2	V_7	V_4

Table. 2.1 Table de commutation de la structure de la DTC

2.7 Structure générale de la DTC

La structure du contrôle direct du couple est représentée comme suit [38]:

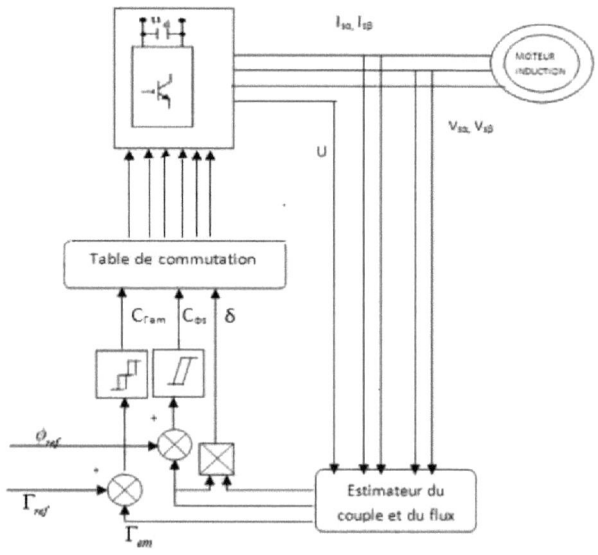

Fig 2.6 Structure générale du contrôle direct du couple avec un PI

Par analogie avec une machine à courant continu avec boucle de courant, la machine asynchrone avec commande DTC peut être modélisée par un système linéaire (autour d'un point de fonctionnement) ayant comme entrée la référence couple et comme sortie la vitesse [39] .La boucle de régulation de vitesse comprend un régulateur PI classique .

2.8 Schéma de simulation

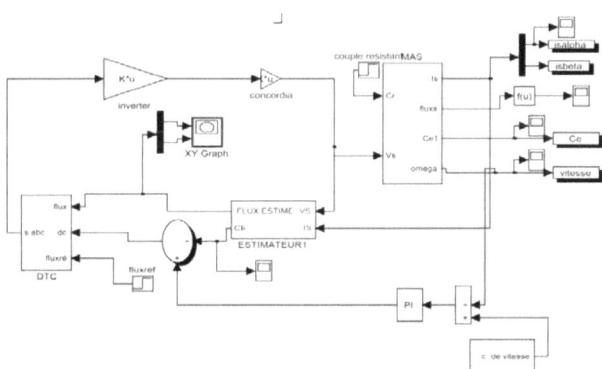

Fig. 2.7 Schéma bloc de simulation

2.9 Résultats de simulations

Les résultats à présenter ont été obtenus à l'aide d'un programme de simulation d'une machine asynchrone dont ses paramètres sont récapitules dans l'annexe A et l'outil utilise est l'environnement Matlab/Simulink.

La simulation est effectuée dans les conditions suivantes :

La bande d'hystérésis du comparateur de couple est, dans ce cas, fixée à $\pm 0.25\ Nm$, et celle du comparateur de flux à $\pm 0.05\ Wb$.

$\Gamma_{elm\,(ref)}$ est récupéré à la sortie d'un PI, $\Phi_{sref} = 1,13 wb$.

Afin d'illustrer les performances statiques et dynamiques du contrôle directe du couple de la machine asynchrone par un PI classique, on a simulé trois régimes transitoires : un démarrage à vide, une introduction d'un couple de charge à l'instant t=0.5s puis l'introduction de deux couples de charges aux instants t=0.3s et t=0.6s et

une inversion du sens de rotation de la vitesse à t=0.5s, et enfin on a testé la robustesse de la commande vis-à-vis des paramètres clés
de la machine qui sont la résistance statorique Rs et le moment d'inertie J.

2.9.1 Démarrage à vide

On a simule le comportement d'un réglage de vitesse par PI classique de la machine asynchrone avec contrôle directe du couple DTC schématisé par la figure (6.2), lors d'un démarrage à vide avec ω_r ref =100rad/s.

La figure (2.8) montre les performances de la régulation, on note une nette amélioration en régime dynamique ou la vitesse est obtenue sans dépassement au bout d'un temps t=0.0492s. En effet pour le premier ordre le régime permanent est considéré atteint à 63% de la vitesse nominale.

Les composantes en courant présentent des allures sinusoïdales. Les composantes en tension quant, à elles, sont déterminées à partir de la tension continue issue du redresseur de tension, des ordres de commande S_{abc}, et de la transformation de Concordia, ont donc des formes d'ondes d'allure rectangulaire correspondante au découpage de la tension d'alimentation de l'onduleur.

Par ailleurs la figure (2.8) présente l'évolution du flux statorique dans le repère biphasé (α, β). La valeur de référence du flux est, dans ce cas égale à 1.13wb. Lors du démarrage, nous observons des ondulations qui sont dues, en partie, à l'influence du terme résistif dans le calcul et le contrôle du flux à faible vitesse du moteur.

En ce qui concerne le couple, on remarque qu'au démarrage il atteint un pic et se stabilise à une valeur pratiquement nulle en régime permanent.

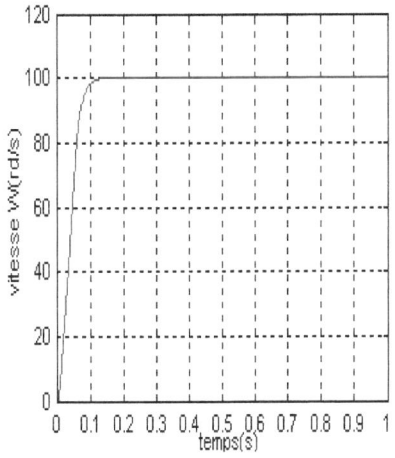
Réponse de la vitesse w

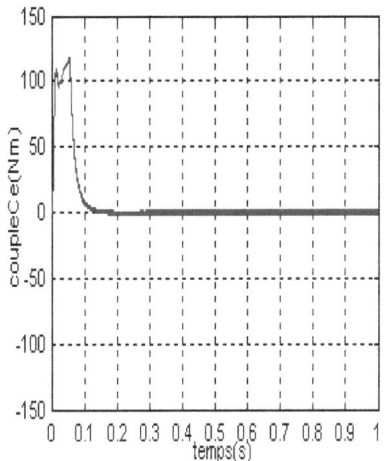
Réponse du couple Ce

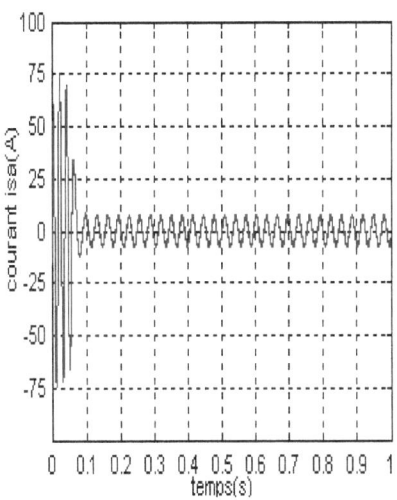
Réponse du courant isa

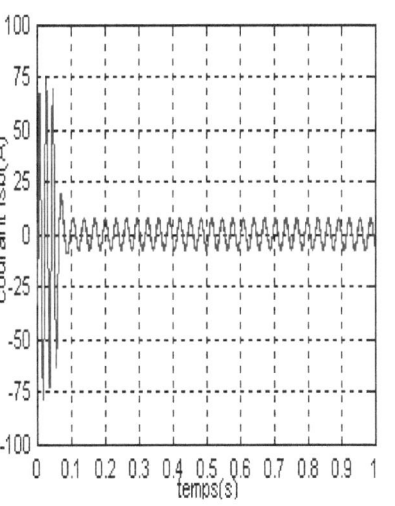
Réponse du courant isb

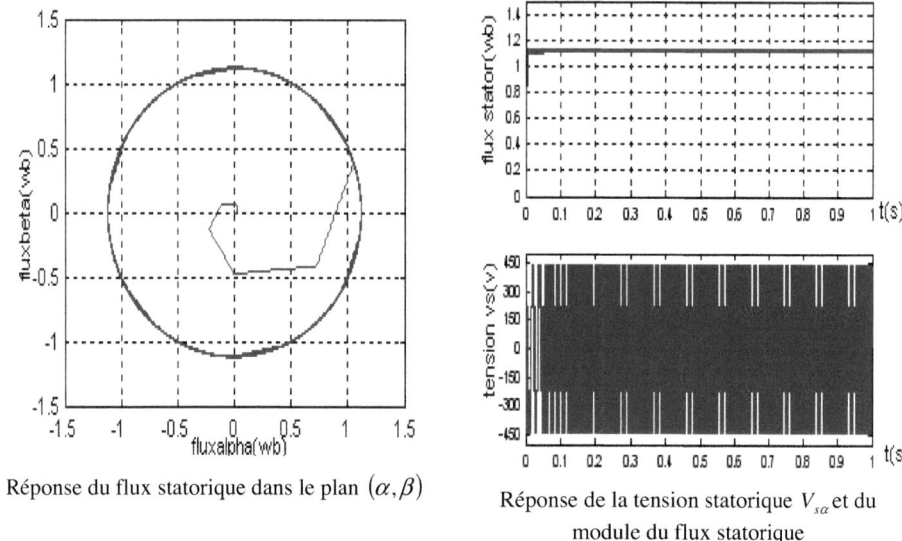

Réponse du flux statorique dans le plan (α, β) Réponse de la tension statorique $V_{s\alpha}$ et du module du flux statorique

Fig. 2.8 Réponse du système à vide

2.9.2 Introduction du couple de charge

L'effet de l'introduction d'un couple de charge de 25N.m à l'instant t=0.5s après un démarrage à vide sur la dynamique de la machine, est montré à la figure (2.9).

On remarque que le régulateur PI classique est moins robuste vis a vis de la variation de la charge, en effet un rejet rapide de la perturbation exige une augmentation de la constante d'intégration ce qui peut entraîner des dépassements au niveau de la réponse dynamique de vitesse. De même on constate sur la figure (2.10) l'apparition des deux rejets de perturbations aux instants t=0.3s et t=0.6s correspondants respectivement aux couples de charges de 25N.m et -25N.m.

A travers cette simulation, nous constatons aussi à partir des figures (2.9) et (2.10) que le couple suit parfaitement la valeur de la consigne et reste dans la bande d'hystérésis.

Les composantes en courant présentent des allures sinusoïdales bruitées dont l'amplitude des ondulations augmentent légèrement à l'instant t=0.5s suite à l'application du couple de charge.

La réponse du module du flux statorique ainsi que la tension statorique garde la même allure, ils ne sont donc pas affectés par la variation du couple de charge.

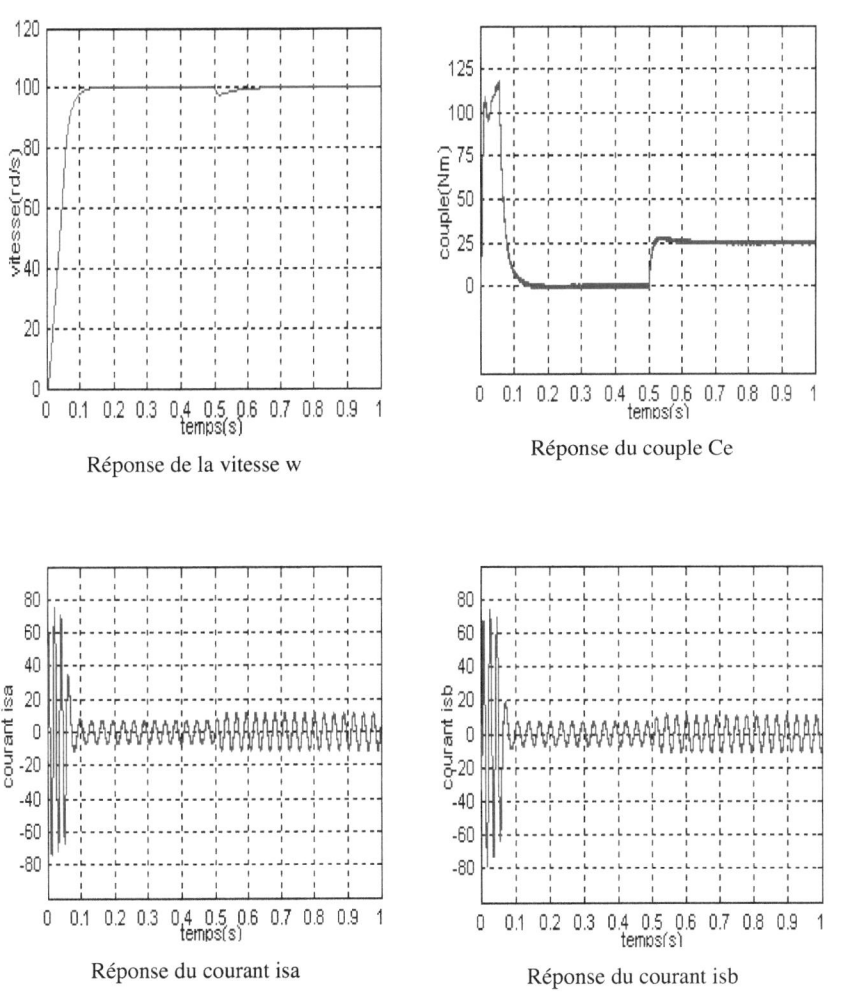

Réponse de la vitesse w

Réponse du couple Ce

Réponse du courant isa

Réponse du courant isb

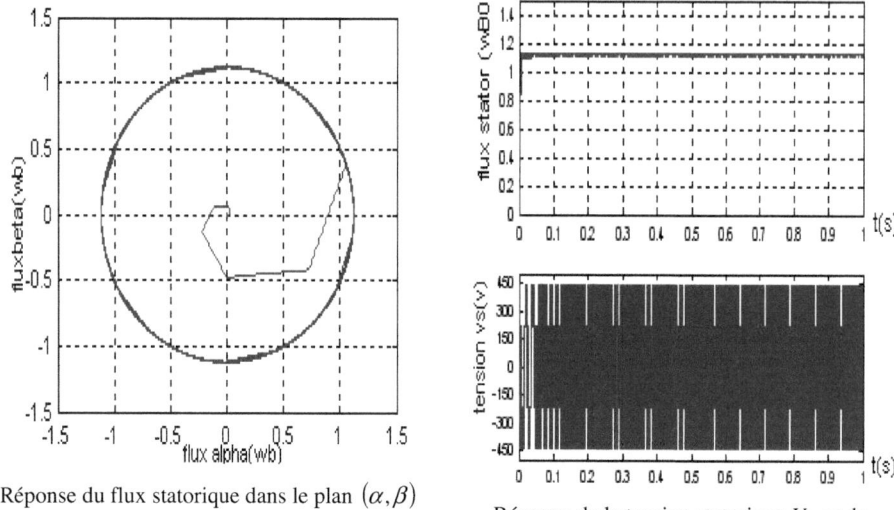

Réponse du flux statorique dans le plan (α,β)

Réponse de la tension statorique $V_{s\alpha}$ et du module du flux statorique

Fig. 2.9 Réponse du système pour un échelon de consigne de 25Nm à l'instant t=0.5s

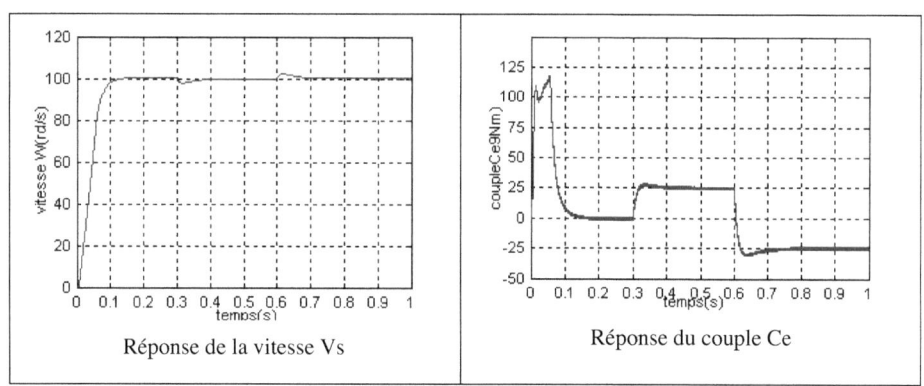

Réponse de la vitesse Vs

Réponse du couple Ce

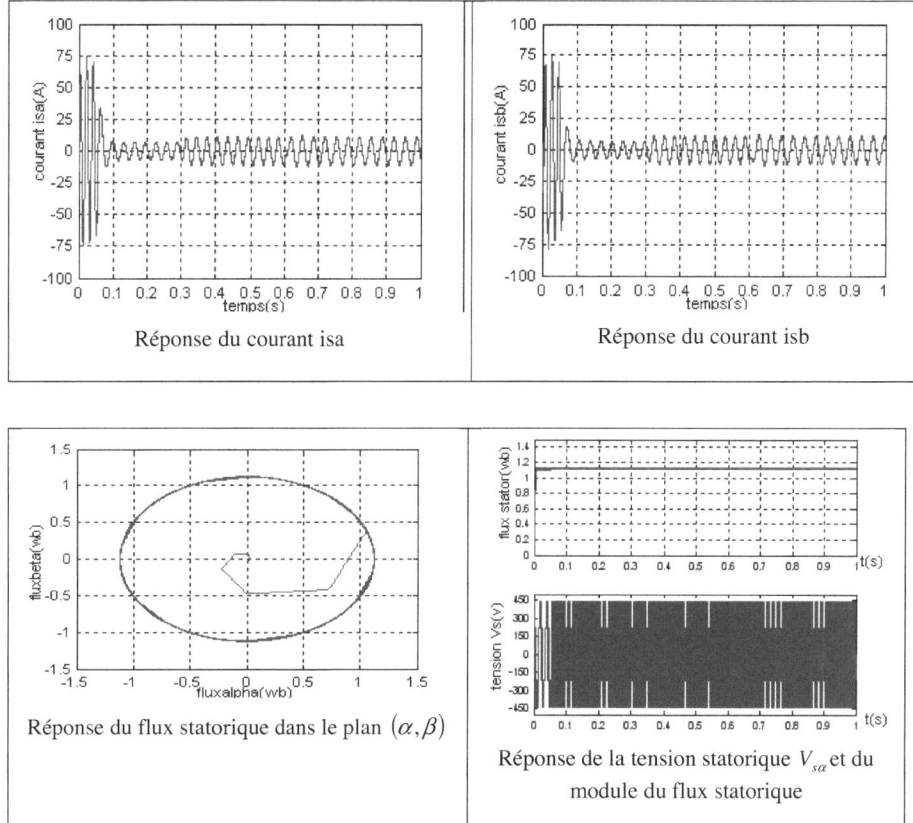

Fig. 2.10 réponse du système pour les consignes de 25Nm à t=0.3s et de -25Nm à t=0.6s

2.9.3 Inversion du sens de rotation

Afin de tester la robustesse du contrôle directe du couple vis-à-vis à une variation importante de la référence de la vitesse, on introduit un changement de la consigne de vitesse de -100

rad/s à 100rad/s à l'instant t=0.5s après un démarrage à vide. A l'inversion de vitesse on remarque sur la figure (2.11) que la poursuite en vitesse s'effectue mais avec un dépassement, de même pour le couple qui subit lui aussi un dépassement avant de se stabiliser. Les courants statoriquees présentent des ondulations qui atteignent à l'inversion de vitesse la valeur du pic au démarrage. La trajectoire du flux statorique est pratiquement circulaire, le flux atteint sa référence de contrôle sans aucun dépassement des bornes de la bande de contrôle, la tension $V_{s\alpha}$ donc à une forme d'onde d'allure rectangulaire correspondante au découpage de la tension d'alimentation de l'onduleur

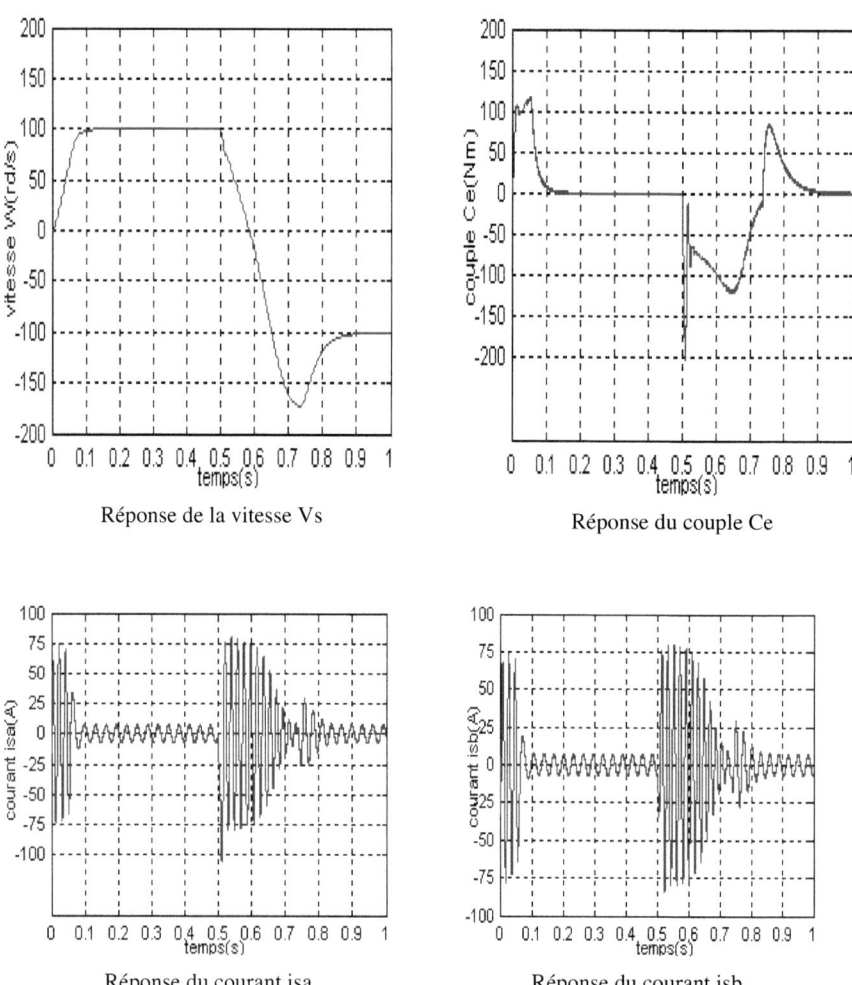

Réponse de la vitesse Vs

Réponse du couple Ce

Réponse du courant isa

Réponse du courant isb

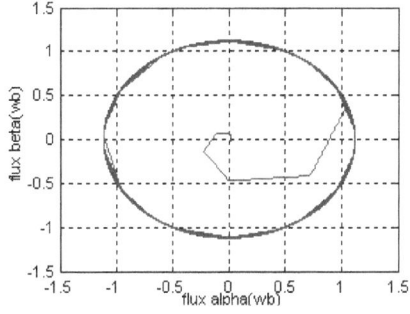
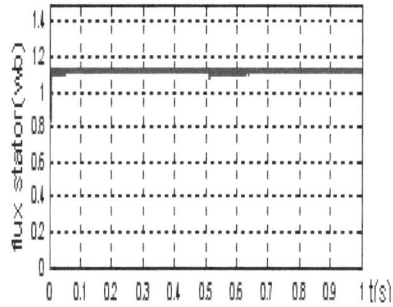

Réponse du flux statorique dans le plan (α,β) Réponse du module du flux statorique

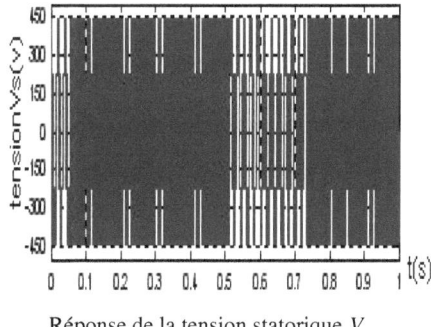

Réponse de la tension statorique $V_{s\alpha}$

Fig. 2.11 réponse du système pour une inversion de vitesse de -100rd/s à t=0.5s

2.10 Robustesse vis à vais de la variation paramétriques

Dans cette partie on présente les résultats de simulation de la robustesse de la commande de vitesse par un PI classique d'une machine asynchrone avec DTC, face à la variation paramétrique due à plusieurs phénomènes et perturbations à savoir [40].

- l'état magnétique de la machine caractérisé par le phénomène de saturation qui influe sur les inductances de la machine.
- l'effet de la température sur les résistances en particulier.
- la variation de la vitesse rotorique qui provoque l'évolution de l'effet de peau.

- la variation de la charge qui peut affecter l'inertie du rotor et le facteur de frottement…etc.

Pour ce faire, les performances de cette commande ont été établies par simulation pour le cas de la variation respective de la résistance statorique et de la variation du moment d'inertie de l'ordre de 100%.

2.10.1 Robustesse vis-à-vis de la variation de la résistance statorique

Les principes du contrôle direct du couple ont été établis en supposant que la vitesse de la machine est élevée pour négliger l'influence du terme résistif surtout pour le contrôle du flux.

Il est nécessaire donc d'étudier le comportement du flux et du couple lors de leurs établissements respectifs, [3].

Pour étudier l'influence de la résistance statorique sur le comportement de la machine lors de la variation des paramètres électriques, nous avons simulé le système pour une augmentation de *+100%* de la résistance statorique nominale. On remarque effectivement d'après les résultat obtenus que la variation de la résistance statorique affecte le module du flux statorique et le couple électromagnétique lors du démarrage entre les instants t=0s et t=0.75s, de même on constate clairement lors de la réponse du flux statorique dans le plan (α,β) de la figure (2.9) la déformation de la trajectoire d'extrémité du flux .En effet, lorsque la bande d'hystérésis de flux augmente, le nombre de commutation du correcteur de flux diminue.

Les phénomènes d'ondulations relevés sur la progression du flux statorique sont dus à un décalage entre la force électromotrice E_s et le vecteur tension statorique V_{i+1}, correspondant à une zone N=i, sélectionné par les commandes en sortie de l'onduleur, ce décalage est fonction de la grandeur du terme résistif $R_s i_s$. L'extrémité du flux se déplace en réalité avec la pente $\frac{d\Phi_s}{dt} = V_s - R_s i_s = E_s$, où E_s est la force électromotrice ce qui explique le fait qu'en début de la zone N=i**,** l'extrémité du vecteur flux statorique suit la variation de E_s. On note que l'amplitude du flux Φ_s progresse en ondulant chacune de ces ondulations correspondant à une zone de position *N* du vecteur flux ce qui entraîne un retard dans l'établissement de ce dernier. Les effets d'oscillation sont donc bien prononcés en début de la zone.

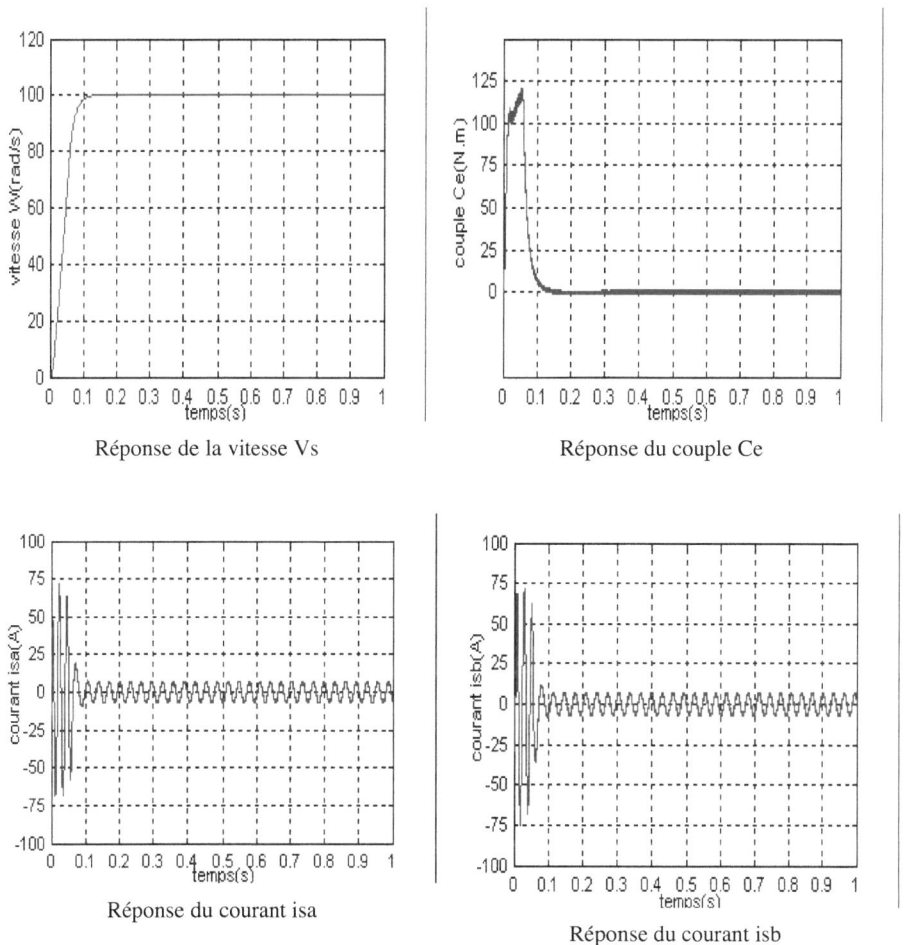

Réponse de la vitesse Vs   Réponse du couple Ce

Réponse du courant isa   Réponse du courant isb

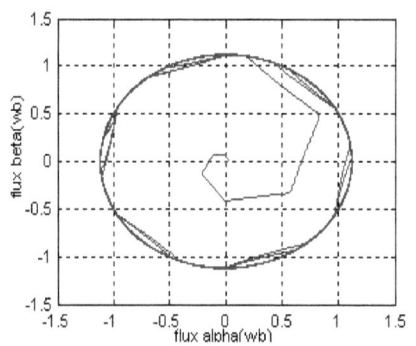
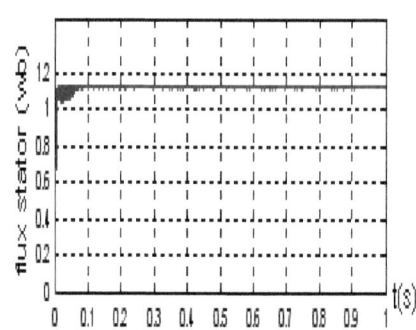

Réponse du flux statorique dans le plan (α, β) Réponse du module du flux statorique

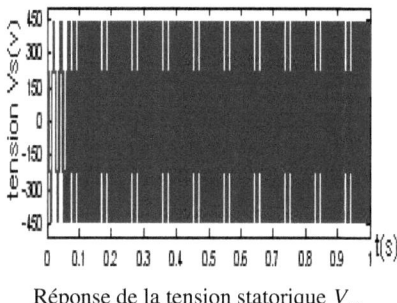

Réponse de la tension statorique $V_{s\alpha}$

Fig. 2.11 réponse du système lors de la variation de la résistance statorique de 100%

2.10.2 Robustesse vis-à-vis de la variation du moment d'inertie

On constate d'après les résultats de simulation de la figure (2.12) qu'une augmentation de l'ordre de 100% de la valeur du moment d'inertie peut provoquer une dégradation importante des performances de la commande. En effet on note une réponse de vitesse avec un temps prolongé et un dépassement flagrant, quant au couple on remarque que son établissement s'effectue après un temps et un dépassement considérable.

2.11 Influence de la fréquence d'échantillonnage

La fréquence d'échantillonnage doit être élevée et associée à la borne supérieure de la fréquence de commutation de l'onduleur qui est généralement limité par d'autres paramètres. Cependant pour simplifier notre étude on considère la vitesse de rotation constante.

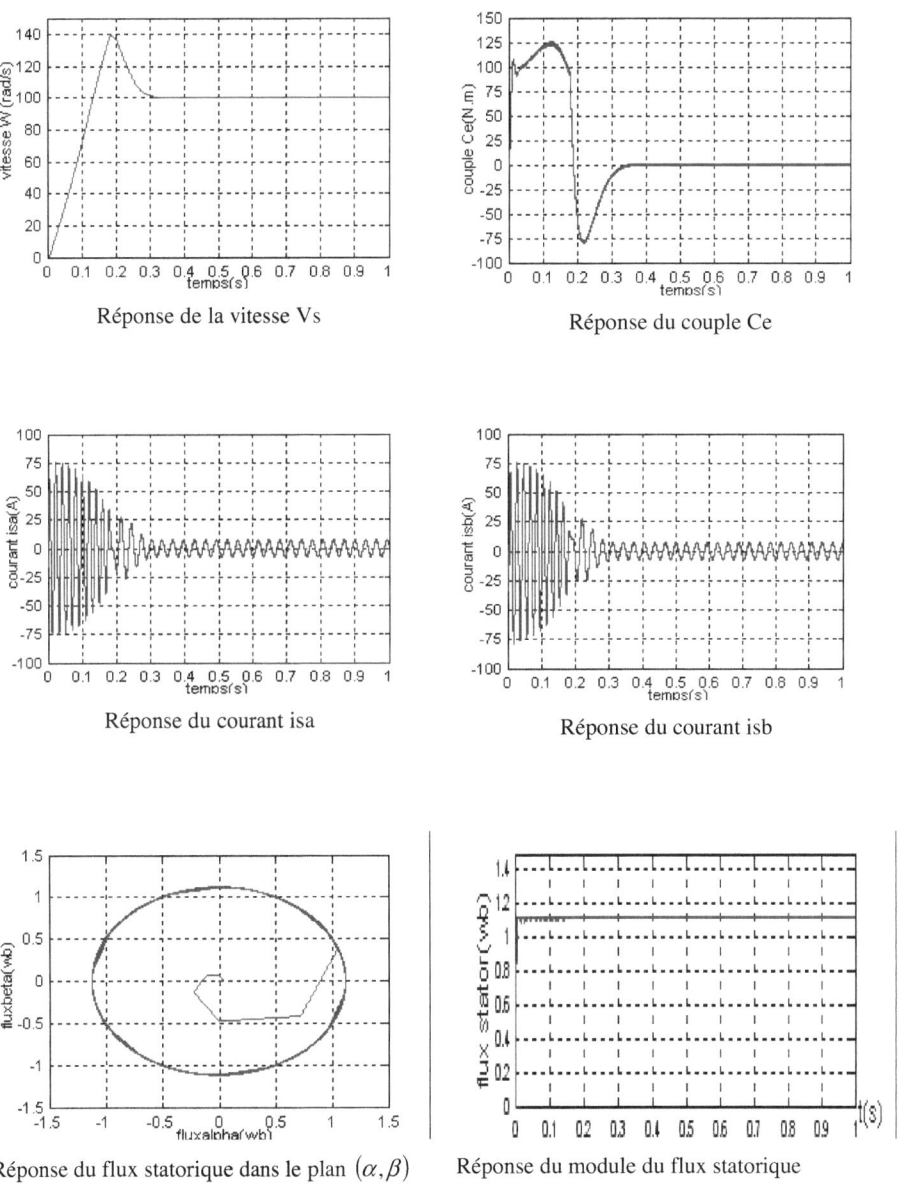

Réponse de la vitesse Vs

Réponse du couple Ce

Réponse du courant isa

Réponse du courant isb

Réponse du flux statorique dans le plan (α, β)

Réponse du module du flux statorique

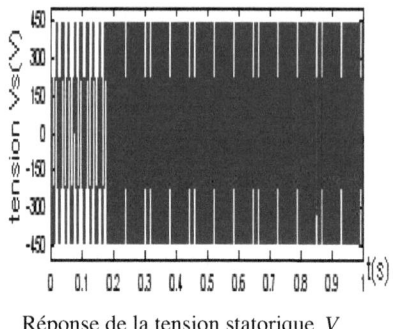

Réponse de la tension statorique $V_{s\alpha}$

Fig. 2.12 Réponse du système lors de variation du moment d'inertie de 100%

2.12 Conclusion

Dans ce chapitre, nous avons présenté la structure du contrôle direct du couple (DTC).cette loi de contrôle permet d'obtenir des performances dynamiques remarquables de même qu'une bonne robustesse vis-à-vis de certains écarts de paramètres du moteur .cette méthode apporte donc une solution concrète aux problèmes de dynamique et de robustesse rencontrées dans les autres structures de contrôle telle que la commande vectorielle [41].

Néanmoins cette stratégie de commande est insensible aux variations des paramètres rotoriques de la machine, l'estimation de flux ne dépend que de la résistance du stator. En outre, la fréquence de commutation est variable et difficile à maîtriser du fait de l'utilisation des contrôleurs à hystérésis, ce point présente deux problèmes majeurs qui sont :

- l'absence de maîtrise des harmoniques de couple provoquant la variation de la qualité acoustique [42]
- l'apparition de couples pulsatoires entraînant un vieillissement précoce du moteur.

Dans l'objectif d'annuler l'erreur statique et réduire le temps de réponse tout en conservant la stabilité du système, on a utilise un correcteur proportionnel intégral PI. Les performances obtenues avec ce dernier sont satisfaisantes, cependant on remarque que la réponse de la vitesse en charge présente un rejet de perturbation et le couple observe un dépassement.

Chapitre 3

Commande direct du couple de la MAS. Apport de la logique

3.1 Introduction

Ce chapitre est dédié à l'étude de l'effet de la variation de la résistance statorique sur la commande directe du couple de la machine asynchrone (DTC du MAS) Cette variation peut être rapide et aléatoire, c'est pourquoi, l'implantation d'un estimateur de cette résistance ou un observateur d'état est plus que nécessaire, afin de corriger ou d'estimer le flux et le couple. Les principes du contrôle direct du couple ont été établis précédemment, ou on a supposé que la vitesse de la machine asynchrone est assez élevée. Cependant la variation de la résistance statorique dûe essentiellement à la variation de la température dont l'effet peut être accentué en faible vitesse, détériore les performances de la commande DTC de la machine asynchrone. On examinera l'influence du terme résistif, pour pouvoir relever les défauts de progression du flux et du couple qui apparaissent à basses vitesses. Néanmoins une partie sera consacrée, à l'étude de la robustesse de la structure DTC. Ainsi on analysera les performances du contrôle du couple, en tenant compte de l'écart existant entre la résistance statorique estimée et réelle dans la machine. On utilisera par la suite un estimateur flou pour compenser les dérives de cette résistance.

3.2 Théorie de la logique floue

Dans ce chapitre, on va présenter le principe général et la théorie de base de la logique floue. Cela englobe des aspects de la théorie des possibilités qui fait intervenir des ensembles d'appartenance appelés ensembles flous caractérisant les différentes grandeurs du système à commander; et le raisonnement flou qui emploie un ensemble de règles floues établies par le savoir faire humain et dont la manipulation permet la génération de la commande adéquate ou la prise de la décision [43]. Ensuite, on va décrire les notions générales et l'architecture algorithmique et structurelle d'une commande floue, ou nous mettons le point sur [44][45] :

- la fuzzification;

- les inférences floues;

- et la défuzzification.

3.3 Principe historique de la logique floue

L'imposition des contraintes sévères sur les performances des équipements industriels impose la recherche d'un fonctionnement optimal des systèmes. La démarche de l'automatique classique (approche algorithmique) consistait à construire un modèle mathématique du système à piloter. A partir de ce modèle une commande est déterminé (PID, commande par retour d'état,commande optimal…) afin d'amener ce système dans les états désirés tout en respectant les critères des performances[46].

La logique floue (fuzzy logic) est de grande actualité aujourd'hui. En réalité elle existait déjà depuis longtemps et nous pouvons diviser son histoire de développement en trois étapes. Ce sont les paradoxes logiques et les principes de l'incertitude d'Heisenberg qui ont conduit durant les années 1920 et 1930 au développement de la logique a valeurs multiples ou logique flou. En 1937, le philosophe M.Black a appliqué la logique continue, qui se base sur l'échelle des valeurs vraies (0, 1/2, 1) pour classer les éléments ou symboles [47].

A partir des années soixante l'automaticien célèbre Zadeh appréhende l'aspect douteux que ce type d'approche soit toujours viable pour les systèmes complexes. En effet, l'obtention d'un modèle mathématique précis et simple à exploiter s'avère parfois difficile. Cette constatation a été à l'origine du développement des commandes à base de la logique floue. Ainsi L'auteur s'est intéressé aux règles floues reposant sur la représentation du savoir des experts pour décrire l'état du système et eut ainsi l'idée d'élargir la notion d'appartenance normalement traduite par "oui" ou "non" aux critères "peut être", "sans doute", " à peu prés"…etc. Il a ainsi fixé la notion des sous-ensembles flous et a fourni le point de départ d'une nouvelle théorie [48].

3.4 Application de la logique floue

Au cours des années soixante dix, différentes équipes de recherche ont contribuées à faire connaître cette nouvelle technique, de ces recherches ont découlé divers concepts nouveaux tels que : langage flou, système flou, relation floue…etc. Parallèlement aux travaux sur la recherche, différentes applications industrielles ont été menées, la plus importante est sans doute celle menée dans les années quatre vingt par Hitachi consistant à faire la commande automatisée du métro de Séndaï (ville située à 300 Km de Tokyo), ce dispositif géré par un ordinateur utilisant des algorithmes flous a permis une réduction de 10% de la consommation d'énergie, de plus la conduite était tellement douce[49].

3.5 Ensemble flou et variables linguistiques

Dans la théorie des ensembles conventionnels, une chose appartient ou n'appartient pas à un certain ensemble. Toutefois, dans la réalité, il est rare de rencontrer des choses dont le statut est précisément défini. Par exemple, où est exactement la différence entre une personne grande et une autre de grandeur moyenne? C'est à partir de ce genre de constatation que Zadeh a développé sa théorie. Il a défini les ensembles flous comme étant des termes linguistiques du genre: zéro, grand, négatif, petit… Dans les ensembles conventionnels, le degré d'appartenance est O ou 1 alors que dans la théorie des ensembles flous, le degré

d'appartenance peut varier entre O et 1 (on parle donc de fonction d'appartenance μ

Un exemple simple d'ensembles flous est la classification des personnes selon leur âge en trois ensembles : jeune, moyen et vieux..

Pour éclaircir la situation, on peut prendre un exemple qui considère l' âge d'un homme comme variable linguistique. On peut, à coup sûr, classer les hommes suivant leur âge en jeune, Moyen et vieux, mais comment déterminer les limites entre chaque catégorie autrement qu'avec le secours de la logique floue [50].

Essayons de définir la catégorie jeune: Un homme est vraiment jeune au dessous de30 ans, à 37.5ans, il n'est "qu'à moitié" jeune. Il ne l'est plus du tout au-delà de 45ans.

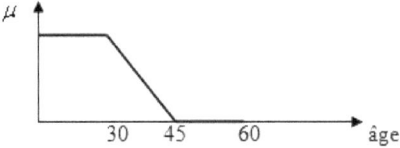

Fig. 3.1 fonction d'appartenance de la variable âge à l'ensemble flou jeune

Définissons aussi la fonction d'appartenance à l'état vieux : Un homme est vraiment vieux au dessus de 60 ans, à 52.5 ans il n'est "qu'à moitié" vieux. Il ne l'est plus du tout en deçà de 45 ans

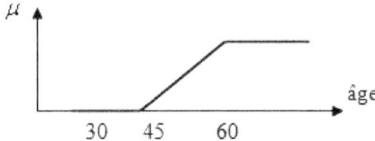

Fig 3.2 fonction d'appartenance de la variable âge à l'ensemble flou vieux

D'autre part la fonction d'appartenance à l'état moyen, peut être représentée ainsi : Un homme est tout à fait moyen à 45 ans. En dessous de 30 ans, il n'est pas assez vieux pour être moyen. Au delà de 60 ans, il ne l'est plus non plus

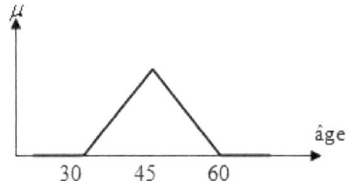

Fig. 3.3 Fonction d'appartenance de la variable âge à l'ensemble flou moyen

Cette représentation donne le degré d'appartenance d'une personne, selon son âge, à un certain ensemble flou, elle s'appelle fonction d'appartenance μ.

Par exemple une personne de 40 ans appartient à l'ensemble "jeune" avec une valeur $\mu = 0.20$ et à l'ensemble "moyens" avec une valeur $\mu = 0.60$.

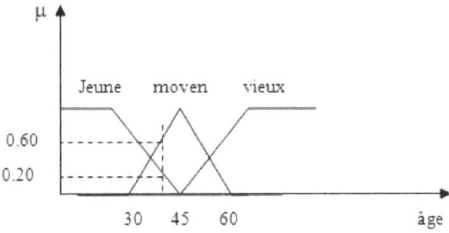

Fig 3.4 Fonction d'appartenance de la variable linguistique âge

On peut ainsi illustrer la terminologie suivante :

- variable linguistique : âge
- valeur d'une variable linguistique : jeune, moyen, vieux,...|
- ensemble flou : 'jeune', 'moyen', 'vieux',...
- plage de valeurs : (0, 30, 45, 60,...)
- fonction d'appartenance : $\mu_e(x) = a$ $(0 \leq a \leq 1)$
- degré d'appartenance : a

3.6 Différentes formes des fonctions d'appartenance

Le plus souvent, on utilise pour les fonctions d'appartenance des formes trapézoïdales ou triangulaires. Ils s'agit des formes les plus simples, composées par morceaux de droites. L'allure est complètement définie par 3 points P1, P2et P3 pour la forme triangulaire ,voire 4 points P1, P2, P3 et P4pour la forme trapézoïdale (figure3.5). La forme rectangulaire est utilisée pour représenter la logique classique. Dans la plupart des cas, en particulier pour le réglage par logique floue, ces deux formes sont suffisantes pour délimiter des ensembles flous[51].

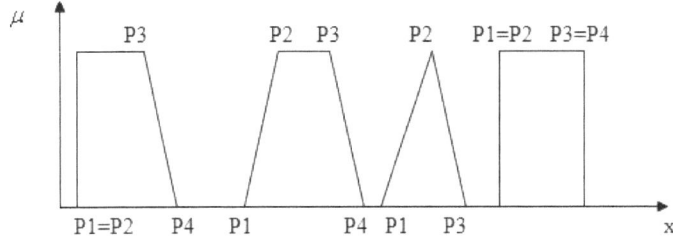

Fig. 3.5 Fonctions d'appartenance de forme trapézoïdales et triangulaires

Les courbes d'appartenance prennent différentes formes en fonction de la nature de la grandeur à modéliser (figure3.6).

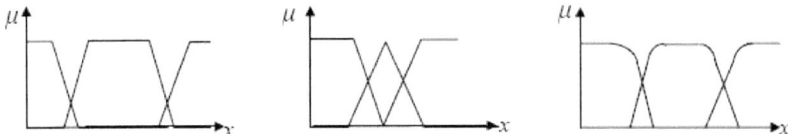

Fig. 3.6 différentes formes de fonctions d'appartenance

On définit ainsi une variable linguistique (x = âge); et on prend la division E_i(i= 1,3), des ensembles flous tels que $E\ 1$=jeune (J) ; $E2$=Moyen (M) ; $E3$=Vieux (V)
La transcription des ensembles flous en des fonctions d'appartenance, $\mu E_i\{x=$ âge), (i=1,3) est montrée sur la (figure 3.7).

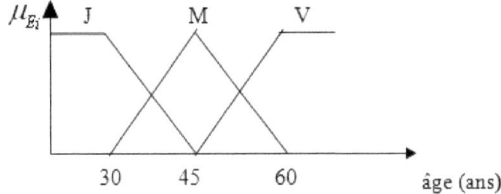

Fig 3.7 fonctions d'appartenance avec trois ensembles flous pour la variable linguistique (âge)

Pour une subdivision plus fine composée de sept ensembles flous (PJ , J, MJ, M, MV ,V, PV), les fonctions d'appartenance μE_i (âge) pour (i=1,7) sont illustrées par la (figure3.8), l' âge étant normalisée.

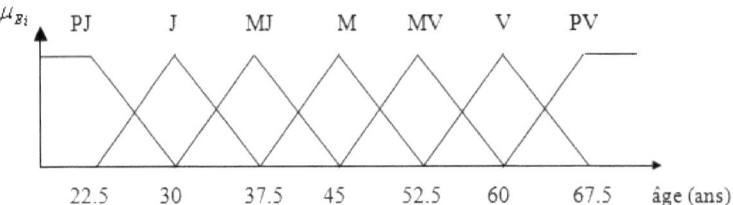

Fig 3.8 Fonction d'appartenance avec sept ensembles flous pour

la variable linguistique (âge)

Pour obtenir le degré d'appartenance d'une valeur donnée de la variable linguistique, relatif à un sous-ensemble flou, il suffit de projeter verticalement cette valeur sur la fonction d'appartenance correspondant à ce sous-ensemble flou.

3.7 Opérateurs de la logique floue

Les mathématiques élaborées a partir des ensembles flous ressemblent beaucoup à celles reliées à la théorie des ensembles conventionnels. Les opérateurs d'union, d'intersection et de négation existe pour les deux types d'ensemble. Les opérateurs habituels, soit l'addition, la soustraction, la division et la multiplication de deux ou plusieurs ensembles flous existent aussi. Toutefois, ce sont les deux opérateurs d'union et d'intersection qu'on utilise le plus souvent dans la commande par la logique floue [52].

- Opérateur NON

$$c = \bar{a} = \text{NON}(a) \tag{3.1}$$

$$\mu_c(x) = 1 - \mu_a(x) \tag{3.2}$$

- Opérateur ET

L'opérateur ET correspond à l'intersection de deux ensembles a et b et on écrit :

$$c = a \cap b \tag{3.3}$$

Dans le cas de la logique floue, l'opérateur ET est réalisé dans la plupart des cas par la formation du minimum, qui est appliquée aux fonctions d'appartenance $\mu_a(x)$ et $\mu_b(x)$ des ensembles a et b, à savoir :

$$\mu_c = \min\{\mu_a, \mu_b\} \tag{3.4}$$

où μ_a, μ_b, μ_c, signifient respectivement le degré d'appartenance à l'ensemble a, b et c. On parle alors d'opérateur minimum..3

- Opérateur OU

L'opérateur OU correspond à l'union de deux ensembles a et b et on écrit :

$$c = a \cup b \tag{3.5}$$

il faut maintenant calculer le degré d'appartenance à l'ensemble c selon les degrés des ensembles a et b. Cela se réalise par la formation du `maximum`. On a donc l'opérateur maximum.

$$\mu_c = \max\{\mu_a, \mu_b\} \tag{3.6}$$

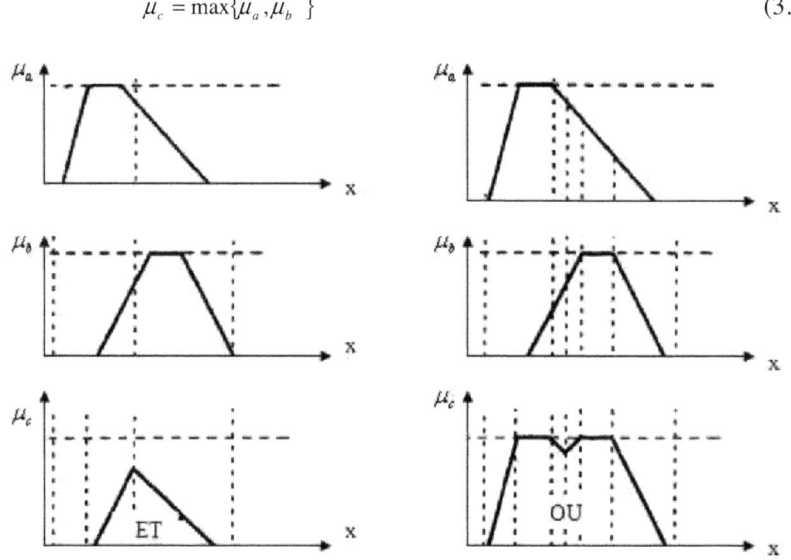

fig. 3.7 opérateurs ET et OU

- Autres réalisations pour les opérateurs ET et OU

a) Par opérations arithmétique

 * ET = opérateur produit

$$\mu_c(x) = \mu_a(x).\mu_b(x) \tag{3.7}$$

 * OU = opérateur somme

$$\mu c(x) = \frac{\mu_a(x) + \mu_b(x)}{2} \tag{3.8}$$

b) Par opérations combinées

 * ET flou

$$\mu_c(x) = \gamma[\mu_a(x).\mu_b(x)] + \frac{1-\gamma}{2}[\mu_a(x) + \mu_b(x)] \tag{3.9}$$

Avec le facteur

$$\gamma \in [0,1]$$

* OU flou

$$\mu_c(x) = \gamma \max[\mu_a(x), \mu_b(x)] + \frac{1-\gamma}{2}[\mu_a(x) + \mu_b(x)] \qquad (3.10)$$

- opérateurs min-max

$$\mu_c(x) = \gamma \min[\mu_a(x), \mu_b(x)] + (1-\gamma) \max[\mu_a(x), \mu_b(x)] \qquad (3.11)$$

- opérateur γ

$$\mu_c(x) = [\mu_a(x), \mu_b(x)]^{1-\gamma}.(1 - [1-\mu_a(x)][1-\mu_a(x)])^{\gamma} \qquad (3.12)$$

le premier facteur contient l'opérateur produit pondéré avec l'exposant $1-\gamma$ Par contre, le deuxième facteur est la somme algébrique pondérée avec l'exposant γ

A partir des notions précédentes nous pouvons constater que la logique classique est un cas particulier de la logique floue. autrement dire, la logique floue est une extension de la logique classique [53].

3.8 Interférences à plusieurs règles floues

En général, la prise de la décision dans une situation floue définissant une loi de commande est le résultat d'une ou plusieurs règles floues appelées aussi inférences, liées entre elles par des opérateurs flous ET,OU, ALORS,… etc.[54].

En automatique, les variables d'état représentant les entrées du système de contrôle sont mesurées ou estimées. En associant des variables linguistiques comprenant des subdivisions d'ensembles flous, et en interprétant mathématiquement des règles mentales ou floues en terme de ces variables d'état de la forme :

Si condition une ET/OU si condition deux ALORS décision ou action, la logique floue fonctionne suivant le principe suivant : Plus la condition sur les entrées est vraie, plus l'action préconisée pour les sorties doit être respectée.

Après avoir fuzzifier (c'est à dire transformer en variables linguistiques) les variables d'entrée et de sortie, il faut établir les règles liant les entrées aux sorties. En effet, il ne faut pas perdre le but final qui consiste à chaque instant, à analyser l'état ou la valeur des entrées du système pour déterminer l'état ou la valeur de toutes les sorties.

On peut générer une action ou prendre une décision en affectant une valeur floue à la variable linguistique de la variable de sortie, qui est transformée en une valeur numérique précise dans la phase finale [55].

Généralement, les algorithmes de commande comprennent plusieurs règles floues et la décision ou l'action est formulée ainsi :

Action ou opération = {Si condition 1 ET condition 1' ALORS opération 1 OU;

 Si condition 2 ET condition 2' ALORS opération 2 OU; …

 Si condition m ET condition m' ALORS opération m}

3.9 Régulateur par logique floue

Par opposition à un régulateur standard ou à un régulateur à contre-réaction d'état, le régulateur par logique flou (RLF) ne traite pas une relation mathématique bien définie, mais utilise des inférences avec plusieurs règles, se basant sur des variables linguistiques. Dans cette section, nous allons présenter la procédure générale de la conception d'un régulateur par logique floue[56].

la configuration de base d'un régulateur flou logique RLF comporte quatre blocs principaux :

- fuzzification,
- base de connaissance,
- inférence
- et défuzzification

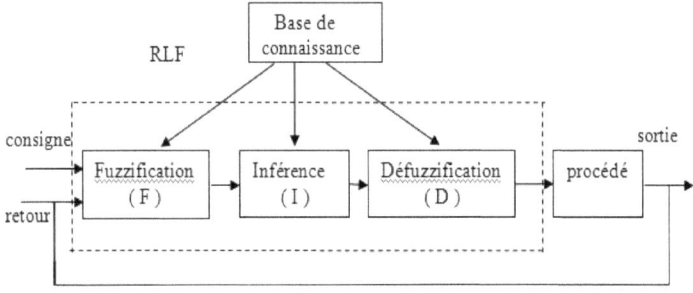

Fig. 3.8 Configuration de base d'un régulateur par logique floue RLF

Les rôles de chaque bloc peuvent être résumés comme :

1) Le bloc fuzzification effectue les fonctions suivantes

- établit les plages de valeurs pour les fonctions d'appartenance à partir des valeurs des variables d'entrées;

- effectue une fonction de fuzzification qui convertit les données d'entrée en valeurs linguistiques convenables.

2) Le bloc base de connaissance est composé de l'ensemble des renseignements que nous possédons sur le processus. Il permet de définir les fonctions d'appartenance et les règles du régulateur flou.

3) Le bloc inférence est le cœur du régulateur RLF, qui possède la capacité de simuler les décisions humaines et de déduire (inférer) les actions de commande floue l'aide de l'implication floue et des règles d'inférence.

4) Le bloc défuzzification effectue les fonctions suivantes :

- établit les plages de valeurs pour les fonctions d'appartenance à partir des valeurs des variables de sortie;

- effectue une défuzzification qui fournit un signal de commande non-floue à partir du signal flou déduit.

3.9.1. Fuzziffication

Etant donne que l'implémentation du régulateur flou se fait de manière digitale ,il faut donc prévoir un convertisseur analogique /digital car le régulateur par logique flou utilise des grandeurs mesures à l'aide d'organes de mesure de types analogiques [58].

Les fonctions d'appartenances peuvent être symétriques , non symétriques et équidistantes et non équidistantes, il faut éviter les chevauchements et les lacunes entre les fonctions d'appartenance de deux ensembles voisins. En effet cela provoque des zones de non intervention du régulateur (zones mortes), ce qui entraîne une instabilité de réglage [50].

En général on introduit pour une variable linguistique trois, cinq ou sept ensembles flous représentes par des fonctions d'appartenances. Le choix du nombre d'ensembles dépend de la solution et de l'intervention du réglage désirée.

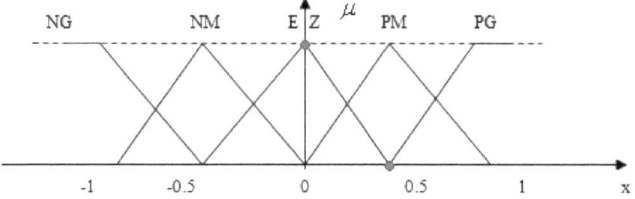

Fig.3.9 Fonctions d'appartenances symétriques et équidistantes

3.9.2 Inférences (déductions floues)

Les inférences lient les grandeurs mesurées (transformées en variable linguistiques) à la variable de sortie exprimée également en variable linguistique.

Plusieurs possibilités existent pour la réalisation des opérateurs de la logique flou qui s'appliquent aux fonctions d'appartenance. A partir de ces possibilités, on introduit la notion de méthodes d'inférences permettant un traitement numérique de ces inférences ; en général, on utilise l'une des méthodes suivantes[59] :

- Méthode d'inférence Max-Min (contrôleur de type Mamdani)
- Méthode d'inférence Max-Prod (contrôleur de type Larsen)
- Méthode d'inférence Somme-Prod (contrôleur de type Zadeh).

3.9.3. Exemple de la méthode d'inférences Max-MIn

Afin de mettre en évidence le traitement numérique des inférences, on fera appel à un cas de deux variables d'entrée x_1 et x_2 et une variable de sortie x_r. chacune est composée de trois ensembles NG (négatif grand), EZ (environ zéro) et PG (positif grand) et définie par des fonctions d'appartenances, comme le montre la (figure 3.11). Pour les variables d'entrée on suppose que les valeurs numériques sont $x_1=0,44$ et $x_2=-0,6$.

Dans cet exemple, l'inférence est compose de deux règles :

$x_r :=$ si $(x_1$ PG ET x_2 EZ$)$, ALORS $x_r := $ EZ OU

si $(x_1$ EZ OU x_2 NG $)$, ALORS $x_r := $NG

La première condition $(x_1$ PG ET x_2 EZ$)$ implique pour $x_1=0,44$ un facteur d'appartenance $\mu_{PG}(x_1 = 0,44) = 0,67$ et pour $x_2 = -0.67$ un facteur d'appartenance $\mu_{PG}(x_2 = -0,67) = 0.33$.

La fonction d'appartenance de la condition prend la valeur minimale de ces deux facteurs d'appartenance $\mu_{c1}=0,33$ à cause de l'opérateur ET. La fonction d'appartenance $\mu_{EZ}(x_r)$ pour la variable de sortie est donc ecretee à 0,33 et cela a cause de l'opérateur ALORS réalise par la formation du minimum. La fonction d'appartenance partielle pour $\mu_{R1}(x_r)$ pour la variable de sortie xr est mise en évidence par un trait renforce sur la (figure 3.11)

La condition (x1 ET OU x2 NG) de la deuxième règle implique des facteurs d'appartenance $\mu_{EZ}(x_1=0,44)=0,33$ et $\mu_{NG}(x_2=-0,67)=0,67$. La fonction d'appartenance la condition prend la valeur minimale de ces deux facteurs $\mu_{C2}=0,67$ à cause de l'opérateur OU. De la même manière que la première condition, la fonction d'appartenance de la deuxième condition $\mu_{NG}(x_r)$ de la variable de sortie est écrêtée à 0.67. La fonction d'appartenance partielle $\mu_{R2}(x_r)$ est également mise en évidence par un trait renforce sur la (figure 3.11).

La fonction d'appartenance résultante $\mu_{Res}(x_r)$ s'obtient par la formation du maximum des deux fonctions d'appartenance partielles $\mu_{R1}(x_r)$ et $\mu_{R2}(x_r)$ Puisque ces deux fonctions sont liées par l'opérateur OU. Cette fonction est hachurée a la (figure 3.11).

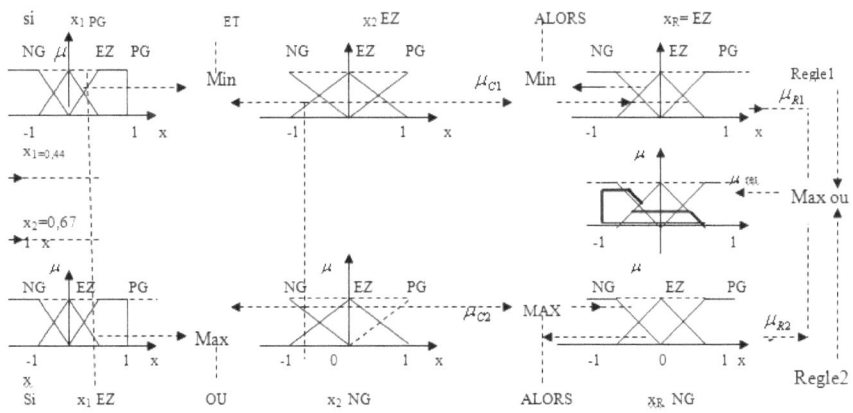

Fig 3.10 Méthodes d'inférences Max-Min pour deux variables d'entrée et deux règles

En général, on obtient la fonction d'appartenance partielle $\mu_{Ri}(x_r)$ de chaque règle par les relations suivantes :
- Pour la méthode d'inférence Max-prod et Somme-prod

$$\mu_{Ri}(x_r) = \mu_{ci}.\mu_{0i}(x_r) \tag{3.13}$$

- Pour la méthode d'inférence Max-Min

$$\mu_{Ri}(x_r) = Min[\mu_{ci},\mu_{0i}(x)] \quad \text{avec i=0,1}\ldots\ldots,m. \tag{3.14}$$

La fonction d'appartenance résultante est donnée par les expressions suivantes :

-Pour la méthode d'inférence Max-prod et Max-min

$$\mu_{\text{Res}}(x_r) = Max[\mu_{R1}(x_r),\mu_{R2}(x_r),\ldots,\mu_{Rm}(x_r)] \tag{3.15}$$

- Pour la méthode d'inférence Somme-prod

$$\mu_{\text{Res}}(x_r) = [\mu_{R1}(xr) + \mu_{R2}(x_r) + \ldots + \mu_{Rm}(x_r)]/m \tag{3.16}$$

3.9.4 Defuzzification

La defuzzification définit la loi de commande du régulateur logique flou.,elle réalise donc la conversion inverse de la fuzzification(conversion digitale/analogique) [60]. Les méthodes de defuzzification les plus utilisées sont :
- Méthode par centre de gravité
- Méthode par valeur maximale
- Méthode par valeur moyenne des maxima.

1) Defuzzification par centre de gravite

Elle consiste a déterminer le centre de gravité de la fonction d'appartenance résultante $\mu_{\text{Res}}(x_r)$.

a) Centre de gravité par la méthode d'inférence Somme-prod

Elle est calculée par l'expression de l'abscisse de la fonction d'appartenance résultante :

$$x_r^* = \frac{\sum_{i=1}^{m}\mu_{ci}x_i^*S_i}{\sum_{i=1}^{m}\mu_{ci}S_i} \tag{3.17}$$

Avec :
$$S_i = \int_{-1}^{1} \mu_{0i}(x_r) dx_r \quad (3.18)$$

Et :
$$x_i^* = \frac{1}{S_i} \int_{-1}^{1} x_r \mu_{0i}(x_r) dx_r \quad (3.19)$$

b) Centre de gravité pour la fonction d'appartenance sana chevauchement

elle est donnée par la relation suivante :

$$x_r^* = \frac{\sum \mu_{CE} x_E^* S_E}{\sum \mu_{CE} S_E} \quad (3.20)$$

Avec : $\quad \mu_{CE} = \frac{1}{m} \sum_{i=1}^{m} \mu_{CE} \quad$ pour la méthode Somme-prod $\quad$ 3.21)

Et : $\quad \mu_{CE} = Max[\mu_{CEi}] \quad$ pour la méthode Max-Min et Max-prod $\quad$ (3.22)

c) Centre de gravite pour la méthode des hauteurs pondérées

elle représente un cas particulier des fonctions d'appartenance avec chevauchement, l'abscisse du centre de gravité se réduit à l'expression suivante :

$$x_r^* = \frac{\sum \mu_{CE} x_E^*}{\sum \mu_{CE}} \quad (3.23)$$

2) Defuzzification par valeur maximale

Pour cette méthode on choisit l'abscisse de la valeur maximale de la fonction d'appartenance résultante. Néanmoins cette méthode n'est pas intéressante pour le réglage lorsque l'abscisse de la valeur maximale est comprises entre deux valeurs x_{r1} et x_{r2} (figure 3.12).

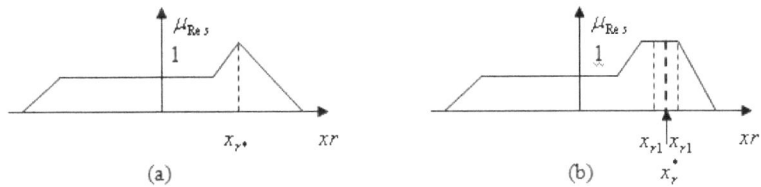

3.8.2.3 Defuzzification par la valeur moyenne des maximale

Cette méthode à pour avantage la possibilité de générer une commande qui représente la valeur moyenne des abscisses de toutes les fonctions d'appartenance, et ainsi donc d'éviter l'indétermination pour la méthode par valeur maximale. Cependant le saut du signal de sortie si la dominante change d'une fonction d'appartenance partielle à une autre provoque un mauvais comportement du réglage du circuit

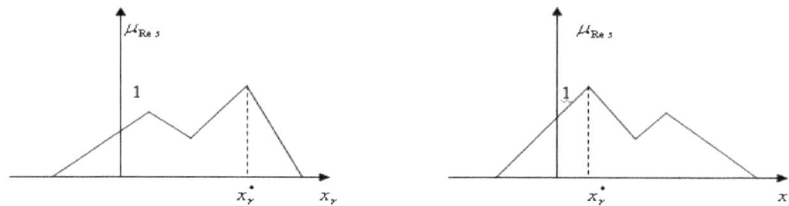

Fig 3.12 Defuzzification par la valeur moyenne des maxima

3.10 Avantages de la commande par la logique floue

La commande par logique floue réunit un certain nombre d'avantages qui sont[61] :
- La non-necessité d'une modélisation (cependant, il peut être utile de disposer d'un modèle convenable);
- la possibilité d'implanter des connaissances (linguistiques) de l'opérateur de processus;
- la maîtrise du procédé avec un comportement complexe (fortement non-linéaire et difficile à modéliser);
- l'obtention fréquente de meilleures prestations dynamiques (régulateur non-lineaire).
Les inconvénients de la commande par logique floue sont :
- le manque de directives précises pour la conception d'un réglage (choix des grandeurs à mesurer, détermination de la fuzzification, des inférences et de la défuzzfication);
- l'approche artisanale et non systématique (implantation des connaissances des opérateurs souvent difficile);
- l'impossibilité de la démonstration de la stabilité du circuit de réglage en toute généralité (en l'absence d'un modèle valable);
- la possibilité d'apparition de cycles limites à cause de fonctionnement non-linéaire;
- la cohérence des inférences non garantie a priori (apparition de règles d'inférence contradictoires possible).

En tout cas, on peut confirmer que le réglage par logique floue présente une solution valable
par rapport aux réglages conventionnels. Cela est confirmé non seulement par un fort développement dans beaucoup de domaines d'application, mais aussi par des travaux de recherche sur le plan théorique. Ainsi, il est possible de combler quelques lacunes actuelles, comme le manque de directives pour la conception et l'impossibilité de la démonstration de la stabilité en l'absence d'un modèle valable.

3.11 L'influence de la résistance du stator sur la DTC de la MAS
3.11.1 Introduction

La méthode de contrôle direct du couple (DTC) est une nouvelle stratégie de commande concurrentielle des méthodes classiques, basées sur une alimentation par un onduleur à modulation de largeur d'impulsions (MLI) et sur un découplage du flux et du couple moteur par orientation du champ magnétique du stator. En régime permanent, la tension statorique permet d'estimer facilement le flux statorique à partir du courant et de la tension statorique. Cependant la variation de la résistance du stator due aux changements de la température peut détériorer la performance de la DTC en introduisant des erreurs dans le flux estimé et la position entre les composantes du flux. La variation de cette résistance statorique peut réduire
aussi la robustesse de l'entraînement et peut de même provoquer une instabilité de l'actionneur.

Le terme résistif entraîne donc une modification sur l'évolution du vecteur flux statorique, c'est pour cette raison, qu'une étude sera consacrée à la robustesse de la structure DTC. Dans l'objectif de générer à la sortie de l'onduleur une tension sinusoïdale ayant le moins d'harmonique possible. Plusieurs correcteurs ont été proposés pour rétablir cette estimation dont on cite principalement, le régulateur PI conventionnel, le régulateur flou, le régulateur neuronal. Cette variation paramétrique peut être rapide et aléatoire, c'est pourquoi, l'implantation d'un estimateur de résistance statorique ou un observateur d'état est plus que nécessaire, afin de corriger ou d'estimer le flux et le couple. Dans ce travail, on discutera l'effet de variation de la résistance du stator sur la stabilité de la commande par DTC et on proposera comme solution pour renforcer cette stabilité d'implanter un estimateur à base de la logique floue de cette variation paramétrique pour corriger l'estimation des valeurs du flux et du couple utilisées par la DTC[62].

3.11.2 Identification du paramètre R_s dans le contrôle du couple

La résistance statorique évolue essentiellement, en fonction des variations de température engendrée par l'augmentation de grandeurs courants et fréquence de la machine, ce qui rend difficile l'identification précise du terme résistif. Pour mettre en évidence ces erreurs d'identification sur la résistance $\tilde{R}_s$ de la commande, on calcule l'écart entre la grandeur estimée du couple $\tilde{\Gamma}_{em}$ et la grandeur effective Γ_{em} de la machine.

L'évolution du flux statorique est modifiée sous l'influence du terme résistif dans le fonctionnement à basse vitesse [63].

$$\frac{d\Phi_s}{dt}e^{j\theta_s} + j\frac{d\theta_s}{dt}\Phi_s = -R_s I_s \qquad (3.2)$$

L'équation du modèle de la tension V_s est donnée par:

$$V_s = R_s I_s + \frac{d\tilde{\phi}_s}{dt} \qquad (3.3)$$

En supposant que le flux calculé est constant, et égal à sa valeur de référence, on déduit:

$$\frac{d\tilde{\phi}_s}{dt} = j\omega_s \tilde{\phi}_s \qquad (3.4)$$

Le flux satatorique s'écrit donc :

$$\tilde{\phi}_s = \frac{1}{\omega_s} j\left(\tilde{R}_s I_s - V_s\right) \qquad (3.5)$$

Le couple estimé se met donc sous la forme :

$$\tilde{\Gamma}_{em} = p\,\text{Im}\left[I_s\left(\frac{1}{\omega_s}j(\tilde{R}_s I_s - V_s)\right)^*\right] \qquad (3.6)$$

la relation du couple estimé en fonction de la résistance estimée et effective de la machine est donné par :

$$\tilde{\Gamma}_{em} = p\frac{(R_s - \tilde{R}_s)}{\omega_s}I_s^2 + pL_m^2\frac{\omega_r R_r}{R_r^2 + \omega^2 L_r^2}I_s^2 \qquad (3.7)$$

En comparant le couple estimé avec l'expression du couple fourni par la machine, on obtient l'équation suivante:

$$\tilde{\Gamma}_{em} - \Gamma_{em} = p\frac{(R_s - \tilde{R}_s)}{\omega_s}I_s^2 \qquad (3.8)$$

Ainsi, on démontre aisément l'influence de l'écart entre les paramètres de résistance $\tilde{R}_s$ estimé et R_s réel sur les performances du contrôle du couple. On peut constater que la robustesse de la commande est plus sensible à des valeurs élevées du courant I_s, de même, plus la vitesse de la machine est importante et moins les effets de variations du paramètre R_s sont influents, ce qui justifie l'étude de la robustesse pour un fonctionnement de la machine à basses vitesse[64].

3.12 Résultats de simulation et interprétation

Pour montrer l'influence de la variation de la résistance statoroque, on distingue les cas suivants possibles qu'on va discuter ci-après :

1. Erreur sur Rs nulle : dans ce cas la valeur nominale de Rs utilisée par la DTC est supposé égale à celle de la machine asynchrone avec un entraînement a la vitesse nominale de l'ordre de 100rad/s . on constate sur les figures (3.13)et (3.14) que les valeurs estimées du flux statorique , du couple électromagnétique , du courant statorique et de la trajectoire du flux sont pratiquement égales aux valeurs réelles du moteur. Les résultas de simulation montrent que le flux et le couple sont établis rapidement,le courant présente une allure sinusoïdale et la vitesse est obtenue sans dépassement au bout d'un temps acceptable, ce qui illustre un découplage satisfaisant et une dynamique rapide. La figures (3.15) illustrent ces résultats a travers l'erreur nulle existante entre les grandeurs réelles et estimées.

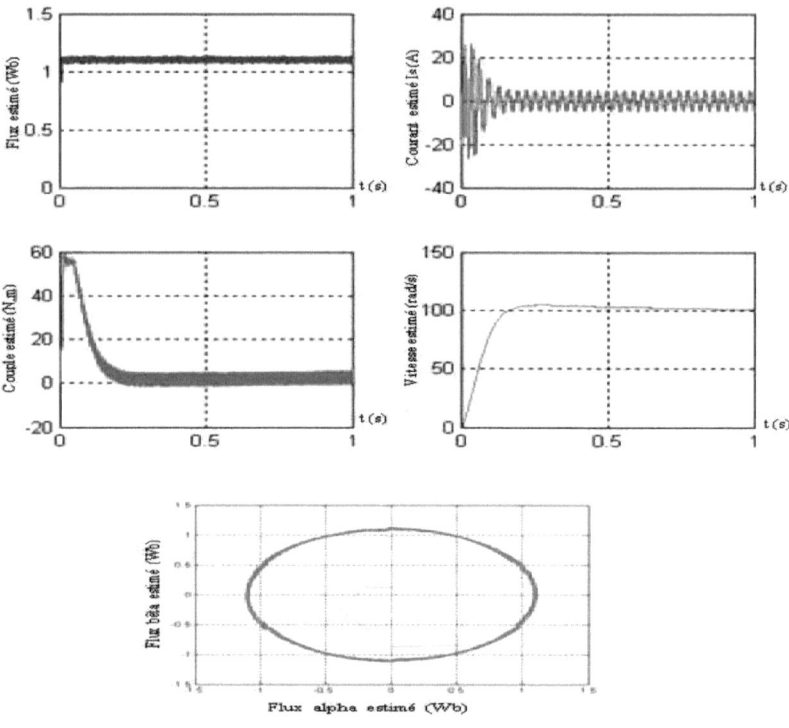

Fig. 3.13 Grandeurs estimés du flux, du couple, du courant, de la vitesse et de la trajectoire du flux statorique

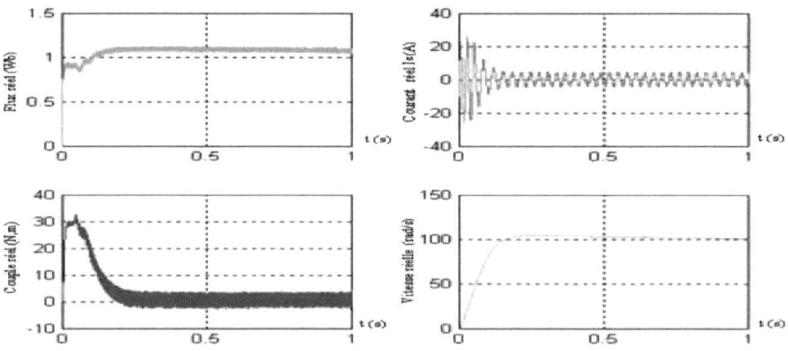

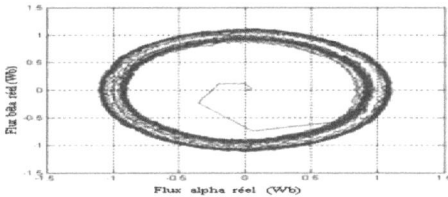

Fig. 3.14 Grandeurs réelles du flux, du couple, du courant, de la vitesse et de la trajectoire du flux statorique

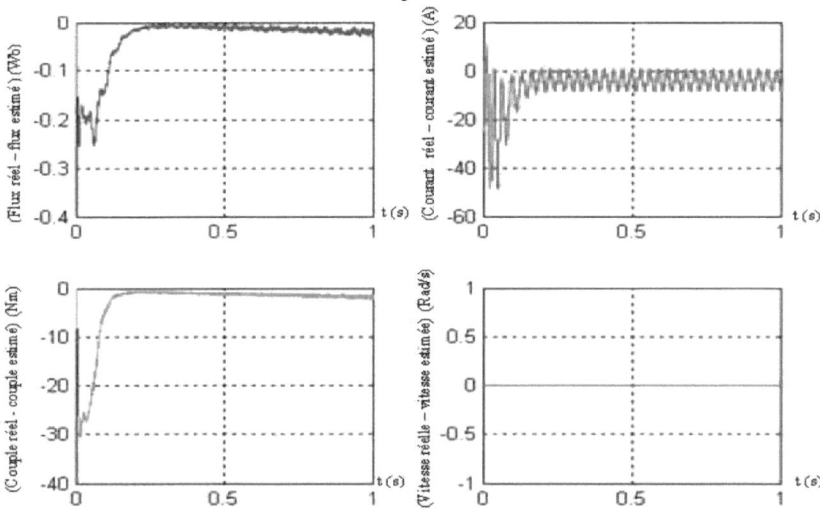

Fig. 3.15 l'erreur entre les grandeurs réelles et estimées du flux, du couple, du courant, et de la vitesse

2. Erreur sur Rs positive: la valeur de la résistance Rs utilisée par le bloc de commande par DTC est supérieur à celle réelle de la machine asynchrone . Autrement dit la valeur réelle de la résistance est augmentée graduellement entre 0,2 (s) et 0.8(s) de l'ordre de 100% (cas d'un accroissement de Rs de 1.2Ω à 2.4Ω), par influence de la température par exemple, c'est ce qui peut arriver généralement pendant l'augmentation de la charge de la machine, ou dans le cas d'un entraînement à basse vitesse comme c'est notre cas et qui est de l'ordre de 20 rad/s. cependant la tension statorique est constante, le courant réel de la machine subit une diminution quand la valeur de la résistance statorique de la machine augmente. Cela provoque une diminution du flux et par conséquent du couple. Et puisque l'estimation du flux et du couple utilise la valeur nominale de la résistance statorique, le flux estimé sera supérieur au flux réel de la machine [65], de même la vitesse s'établit difficilement et présente des ondulations , ces constations sont illustrées sur les figures (3.17) et (3.18). dans cette partie on a analysé l'effet de la variation de la résistance statorique due a la température accentuée en faible vitesse , les erreurs entre les grandeurs estimées et réelles des différents paramètres de la machine sont illustrées par les figures (3.19) ci-dessous qui montrent le comportement dynamique de quelques caractéristiques de la machine asynchrone commandé par DTC lors de la variation de R_s. On note bien une erreur statique au niveau du courant statorique, du couple électromagnétique et du flux statorique. En effet On remarque que ce couple a dévié de sa référence d'environ 2N.m. D'autre part, le flux réel de la machine s'éloigne d'environ 0.01(Wb), de sa consigne. De plus, la variation de Rs déforme le champ statorique, présenté dans le plan (α,β). Notons bien que les résultats précédents sont obtenus en utilisant un régulateur PI avec kp=0.86 et ki=1.25.

Cependant pour des courants statorique élevés à des faibles vitesses, la commande est plus sensible à cette variation et cela justifie le choix des paramètres de l'estimateur floue pour compenser les dérives de la résistance Rs.

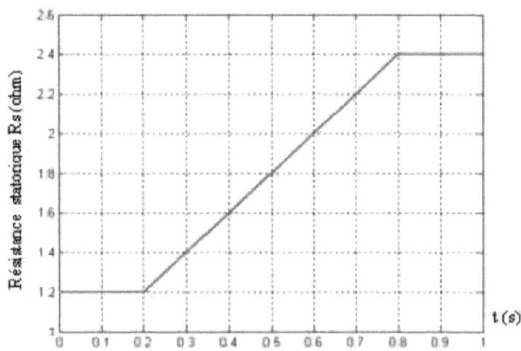

Fig. 3.16 Variation graduée de la résistance statorique de 100% entre (t=0,2 s et t = 0.8s)

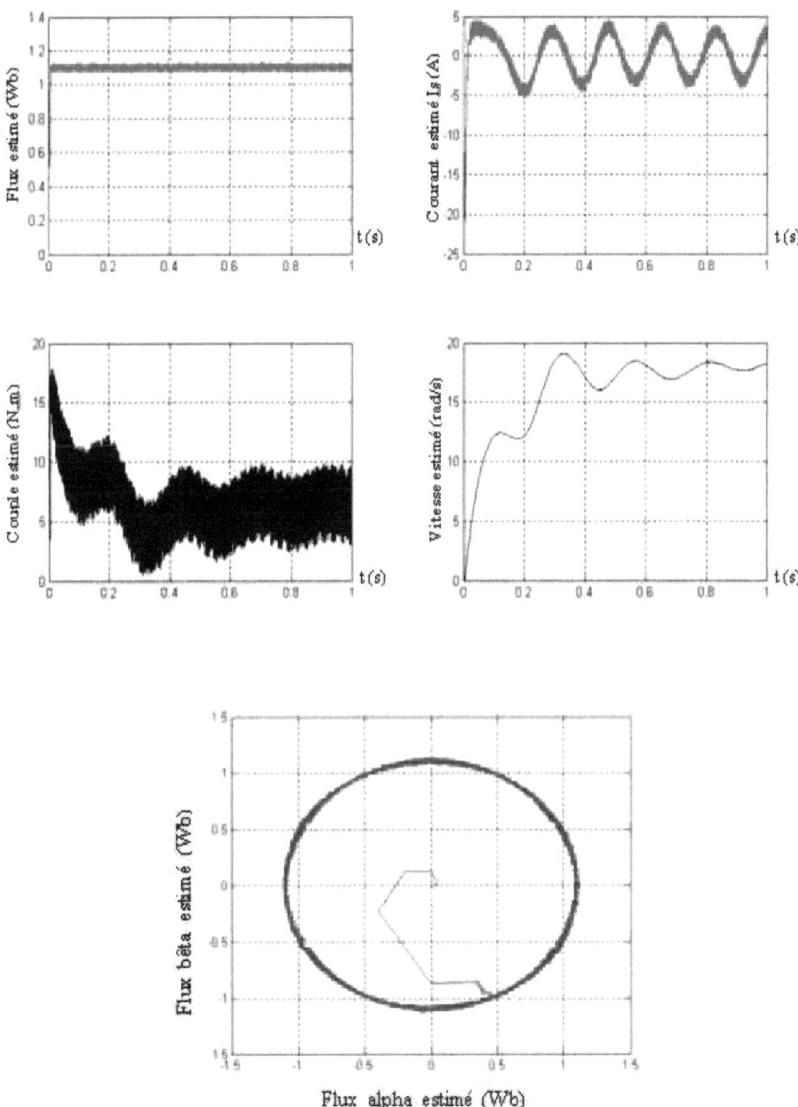

Fig. 3.17 Grandeurs estimés du flux, du couple, du courant, de la vitesse et de la trajectoire du flux pour un accroissement graduelle de 100% de Rs de t= 0.2s à t= 0.8s avec une vitesse réduite de l'ordre de 20 rad/s

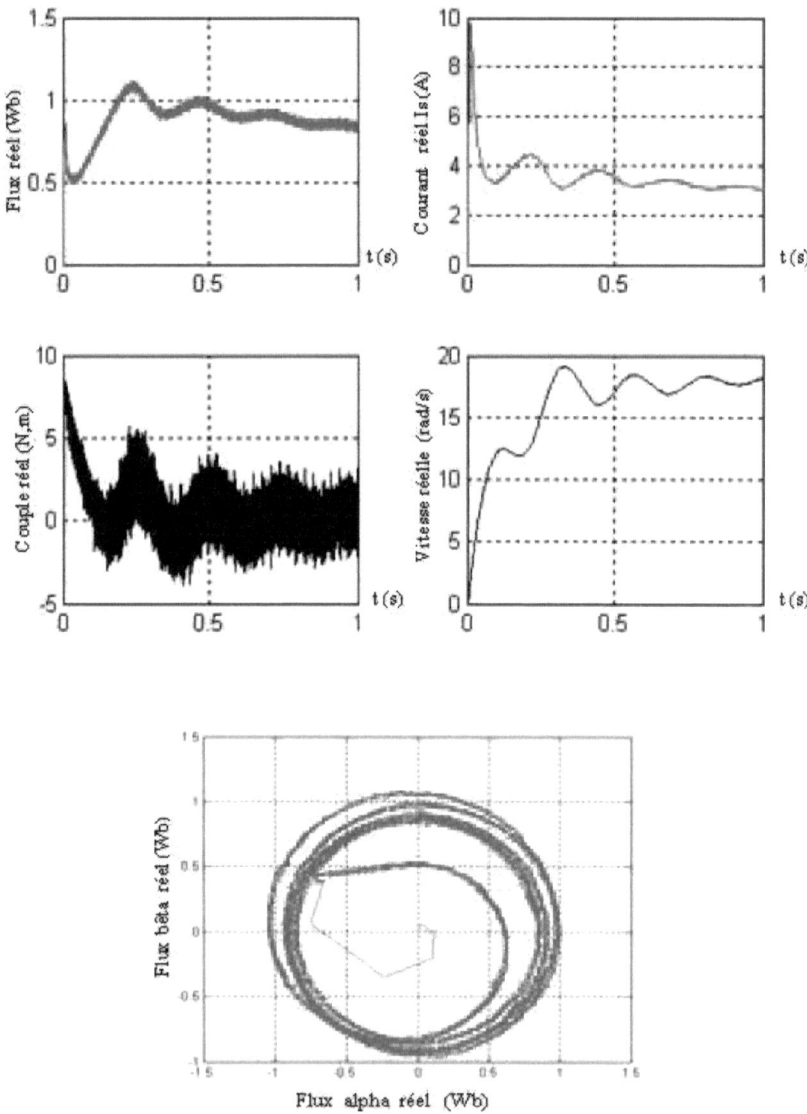

Fig. 3.18 Grandeurs réelles du flux, du couple, du courant, de la vitesse et de la trajectoire du flux pour un accroissement graduelle de 100% de Rs de t=0.2s à t=0.8s avec une vitesse réduite de l'ordre de 20 rad/s

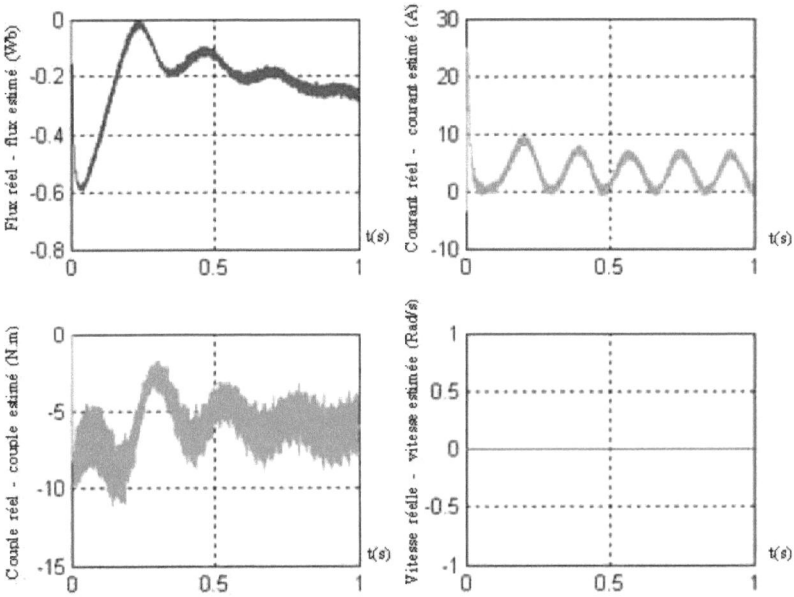

Fig. 3.19 l'erreur entre les grandeurs réelles et estimées du flux, du couple, du courant, et de la vitesse pour un accroissement graduelle de 100% de Rs de t=0.2s à t=0.8s avec une vitesse réduite de l'ordre de 20 rad/s

3.13 Amélioration des performances de la DTC classique par la logique floue

On a vu de ce qui précède que la DTC classique présente des ondulations flagrantes du flux et du couple à la suite du changement de la valeur de la résistance statorique pour un entrainement a basse vitesse. Pour cela, on présente dans ce qui suit la variable la plus affectée dans cette situation et en l'occurrence représentée par l'erreur entre le courant statorique de commande et le courant réel de la machine ainsi que la variation de cet écart. Ces paramètres seront considérés comme variables d'entrée de l'estimateur floue de la résistance statorique .En effet la technique floue est une stratégie fiable en mesure d'apporter une correction adéquate en compensant les dérives de ce terme très sensible pour la DTC [66].

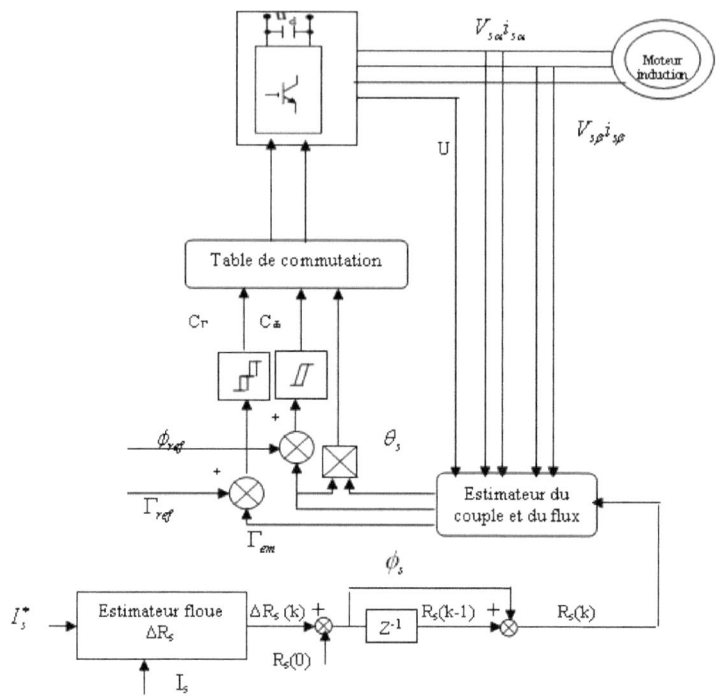

Fig. 3.20 Commande direct du couple avec estimateur flou de la résistance statorique

3.13.1 Conception de l'estimateur flou de la résistance du stator

On définit l'erreur e(k) entre le courant statorique de commande I_s^* et le courant du moteur I_s, ainsi que la variation de cette erreur $\Delta e(k)$ par[67] :

$$e(k) = I_s^*(k) - I_s(k) \tag{3.8}$$

$$\Delta e(k) = e(k) - e(k-1) \tag{3.9}$$

Avec : $I_s^* = \sqrt{i_{s\alpha}^{*2} + i_{s\beta}^{*2}}$

Le calcul du courant I_s^* fait appel aux équations de la machine dans le référentiel dq.

$$\phi_{sd} = L_s i_{sd} + M i_{rd} \;\; ; \;\; \phi_{sq} = L_s i_{sq} + M i_{rq} \tag{3.10}$$

$$\phi_{rd} = L_r i_{rd} + M i_{sd} \;\; ; \;\; \phi_{rq} = L_r i_{rq} + M i_{sq} \tag{3.11}$$

$$0 = R_r i_{rd} + s\phi_{rd} - \omega_r \phi_{rq} \tag{3.12}$$

$$0 = R_r i_{rq} + s\phi_{rq} + \omega_r \phi_{rd} \tag{3.13}$$

$$\Gamma_{em} = \frac{1}{2} p \left(\phi_{sd} i_{sq} - \phi_{sq} i_{sd} \right) \tag{3.14}$$

Par orientation du flux statorique on a :

$$\phi_{sq} = 0 \; ; \quad \phi_{sd} = \phi_s \tag{3.15}$$

En remplaçant dans (3.10) et (3.14) on obtient :

$$\phi_s = L_s i_{sd} + M i_{rd} \; ; \quad 0 = L_s i_{sq} + M i_{rq} \tag{3.16}$$

$$\Gamma_{em} = \frac{1}{2} p \phi_s i_{sq} \tag{3.17}$$

Sachant que le couple est orienté suivant l'axe d , la relation du courant i_{sq}^* est donnée par:

$$i_{sq}^* = \frac{1}{p} \frac{\Gamma_{em}^*}{\phi_s^*} \tag{3.18}$$

D'autre part on détermine l'expression du courant i_{sd}^* par la dérivée du flux statorique dans la relation (3.10) comme suit :

$$s L_s i_{sd} + s M i_{rd} = 0 \; ; \quad s L_s i_{sq} + s M i_{rq} = 0 \tag{3.19}$$

En remplaçant (3.11) , (3.16) et (3.19) dans (3.12) on obtient:

$$\frac{R_r L_s}{M} i_{sd}^* - \omega_r^* M \, i_{sq}^* \left(1 - \frac{L_s L_r}{M^2} \right) + \frac{R_r}{M} \phi_s^* = 0 \tag{3.20}$$

De la même manière on remplace (3.11) , (3.16) et (3.19) dans (3.13) on obtient:

$$\frac{R_r L_s}{M} i_{sq}^* - \omega_r^* M \, i_{sd}^* \left(1 - \frac{L_s L_r}{M^2} \right) + \omega_r^* \frac{l_r}{M} \phi_s^* = 0 \tag{3.21}$$

A partir des expressions (3.20) et (3.21) on obtient l'équation différentielle suivante :

$$L_s i_{sd}^{*2} - \phi_s^* \frac{1+\sigma}{\sigma} i_{sd}^* + L_s i_{sq}^{*2} + \frac{1}{L_s \sigma} \phi_s^{*2} = 0 \tag{3.22}$$

Avec $I_s = \sqrt{(i_{s\alpha}^2 + i_{s\beta}^2)}$ représentant le courant statorique du moteur utilisé dans l'estimateur flou de la résistance statorique.

Soit E , EC et U_R représentant respectivement les variables linguistiques d'entrées e(k) , Δe(k) et de sortie ΔR_s (k) , dans leurs domaines, sont définis cinq sous ensembles flous A_i , B_i et C_i tels que (i = 1,2,3,4,5) pour lesquelles correspondent

cinq variables linguistiques floues [NG,NP,ZE,PP,PG] représentant les fonctions d'appartenances µ(e) , µ(∆e).et µ(∆R$_s$) de formes triangulaires linéaires.
La valeur de sortie de l'estimateur ∆R$_s$(k) représente la variation de la résistance statorique

$$\Delta R_s(k) = R_s(k) - R_s(k-1) \tag{3.34}$$

Où, R$_s$ (k) est la valeur de la résistance stator actuel ;

R$_s$ (k-1) est la valeur de la résistance stator précédente.

Les courbes de distribution des fonctions d'appartenance sont présentés dans la figure ci-dessous suivante:

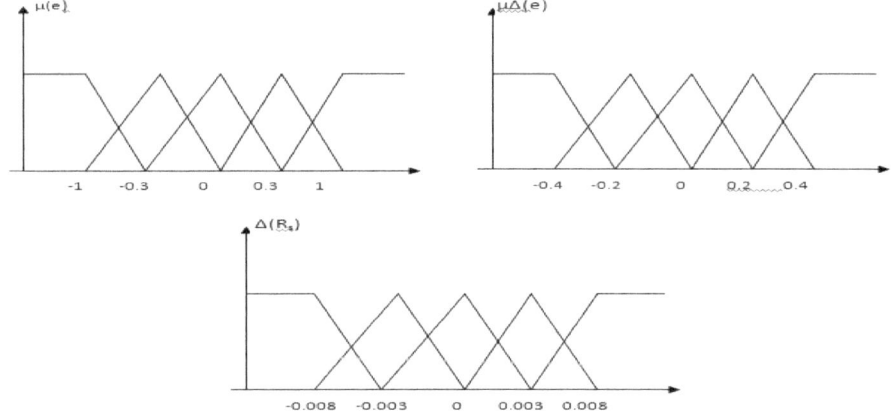

Fig 3.21 distribution des fonctions d'appartenanc

Selon l'erreur e(k) et le changement de cet erreur ∆e(k) du courant statorique ,les règles d'inférences floues de la variation de la résistance statorique ∆R$_s$ (k) sont définies par la méthode d'inférence Max-Min (contrôleur de type Mamdani) comme suit :

Si E est A$_i$ et EC est B$_i$ Alors U$_R$ est C$_i$. suivant l'expérience, les règles de déductions floues de l'estimateur flou de la résistance statorique sont énumérées dans le tableau Tab3.1.

après avoir obtenu ∆R$_s$ (k),la résistance statorique R$_s$ (k) est calculée par:

R$_s$ (k)= R$_s$ (k-1)+ ∆R$_s$ (k), [68].

Δe \ e	NG	NP	ZE	PP	PG
NG	NG	NG	NG	NP	ZE
NP	NG	NG	NP	ZE	PP
ZE	NG	NP	ZE	PP	PG
PP	NP	ZE	PP	PG	PG
PG	ZE	PP	PG	PG	PG

Tab 3.1 règles d'inférences floues de la résistance statorique

3.14 Résultats de simulations et interprétations

3.14.1 Cas de la présence de l'estimateur flou de la résistance Rs pour un fonctionnement à basse vitesse de l'ordre de 20 rad/s.

Dans cette partie de simulation, un estimateur flou de la résistance statorique, a été introduit afin de corriger l'estimation du flux statorique et du couple, les gains de cet estimateur flou sont obtenus après plusieurs essais, afin d'atteindre les meilleurs résultats, les valeurs suivantes sont alors adoptées : ke=2.6; kde=20; krs=1.26.

La figure (3.22), illustre l'évolution des résistances, réelle et estimé (délivrée par le compensateur flou proposé). Les deux grandeurs sont confondues pratiquement au début du régime mais s'éloignement progressivement quand la valeur de Rs augmente. Les grandeurs réelles et estimées du flux, du couple électromagnétique du courant et de la vitesse sont illustrés sur les figues(3.23) et (3.24) .On remarque que leurs allures sont presque identique sauf le module du flux estimé légèrement plus ondulé, en conséquence la figure (3.25) illustre une compensation satisfaisante du couple électromagnétique et du flux statorique, et un rétablissement de la stabilité du système par élimination de l'erreur statique sur le courant et la vitesse. En effet l'erreur du couple est très petite ne dépassant pas la valeur maximale de l'ordre de 0,01 (N.m) pour une augmentation extrême de 100% de Rs , tandis que celle du flux ne dépasse pas 0.1 (mWb). En comparant ces erreurs minimes avec celles obtenues sur la figure (3.19),en l'absence de l'estimateur flou dans les mêmes conditions de fonctionnement à vitesse réduite, on réalise aisément le rôle déterminant de ce régulateur et sa robustesse vis-à-vis de la variation du paramètre critique Rs de la commande DTC.

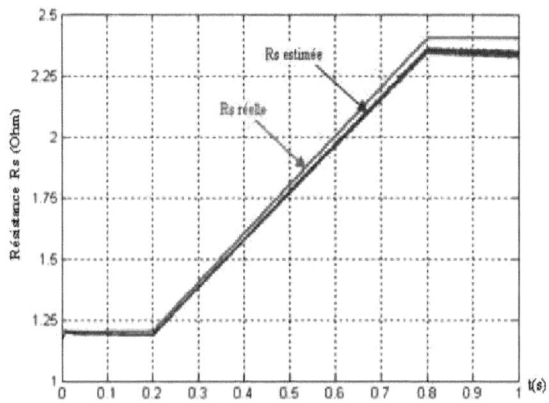

Fig. 3.22 Variation graduée de la résistance statorique de 100% de (t=0,2 s à t=0.8s)

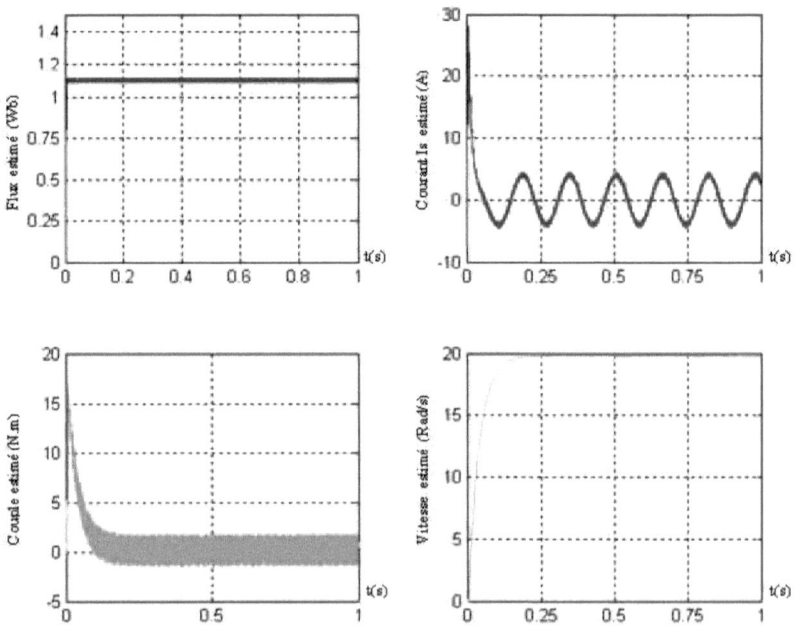

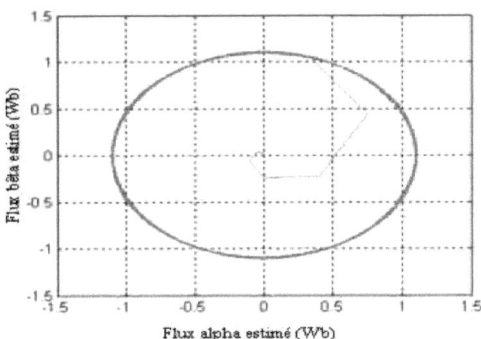

Fig. 3.23 Grandeurs estimés du flux, du couple, du courant, de la vitesse et de la trajectoire du flux statorique

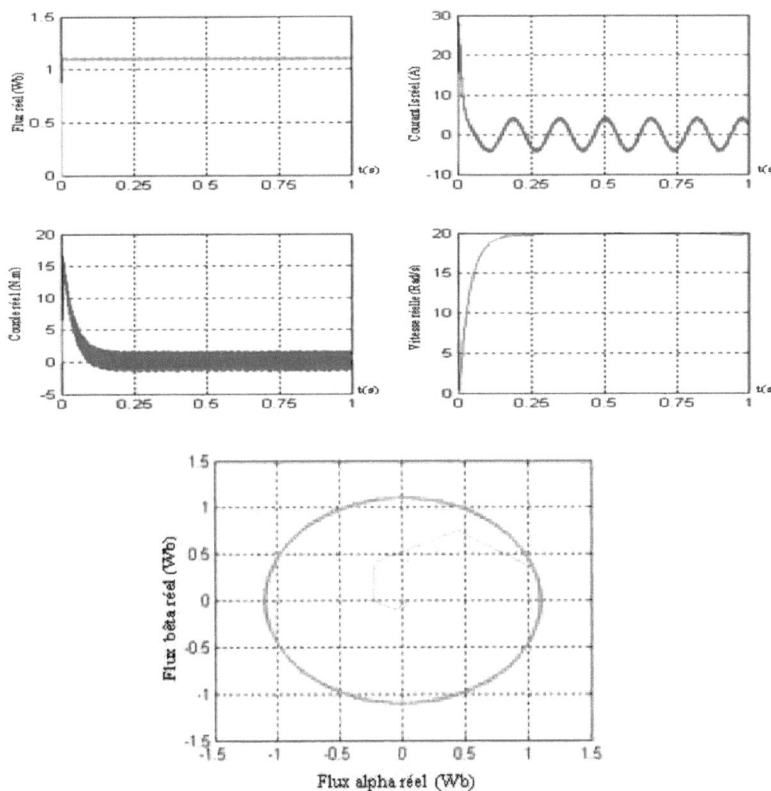

Fig. 3.24 Grandeurs réelles du flux, du couple, du courant, de la vitesse et de la trajectoire du flux statorique

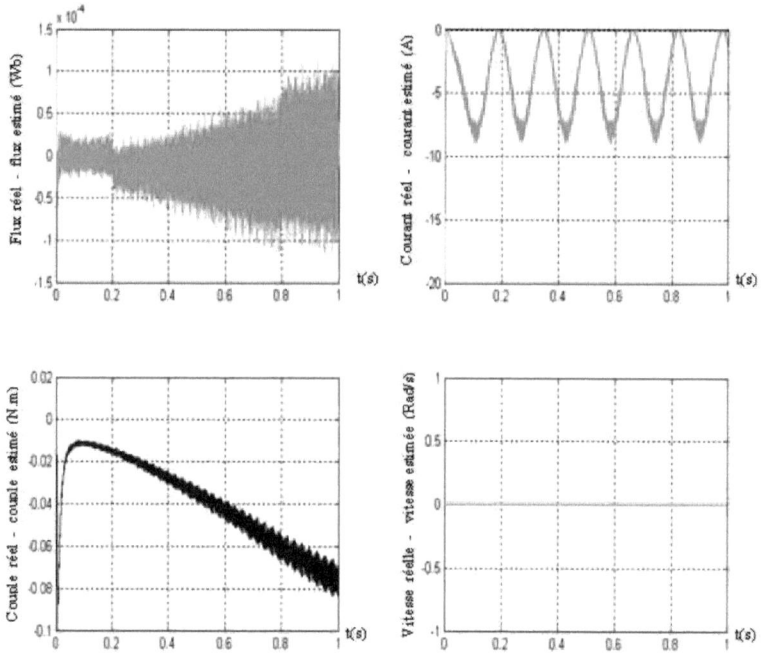

Fig. 3.25 l'erreur entre les grandeurs réelles et estimées du flux, du couple, du courant, et de la vitesse pour un accroissement graduelle de 100% de Rs de t=0.2s à t=0.8s avec une vitesse réduite de l'ordre de 20 rad/s

3.14.2 Cas de la présence de l'estimateur flou pour un fonctionnement à vitesse nominale

pour un fonctionnement à vitesse nominale de l'ordre de 100 rad/s, on remarque en premier lieu que la résistance statorique estimé se rapproche de plus en plus de sa valeur réelle à partir de t = 0.6s. On note aussi l'atténuation des ondulations au niveau du couple et du flux estimé et réel, le courant à une allure sinusoïdale et une réponse rapide de la vitesse. Cependant l'erreur du couple et du flux est réduite considérablement, elle est illustré sur la loupe de la figure (3.29) dont les résultats ressemblent parfaitement à ceux de la figure (3.15) correspondant au cas ou l'erreur sur Rs est nulle.

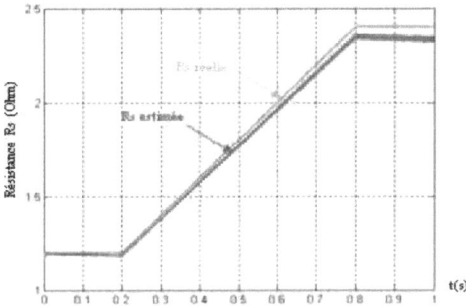

Fig. 3.26 Variation graduée de la résistance statorique de 100% de (t=0,2 s à t=0.8s)

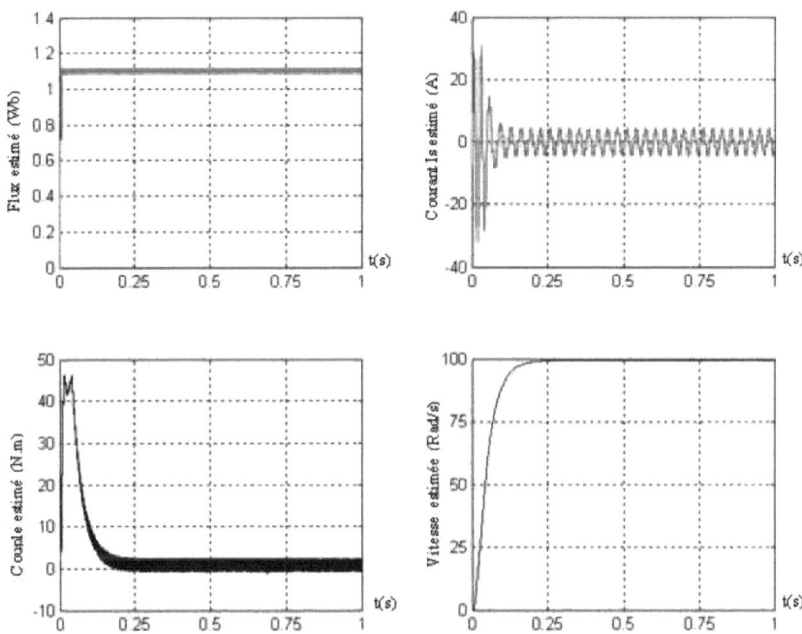

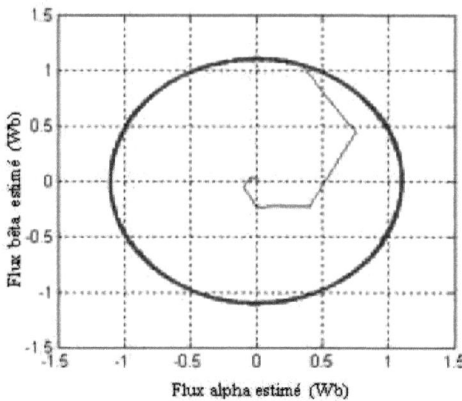

Fig. 3.27 Grandeurs estimés du flux, du couple, du courant, de la vitesse et de la trajectoire du flux statorique

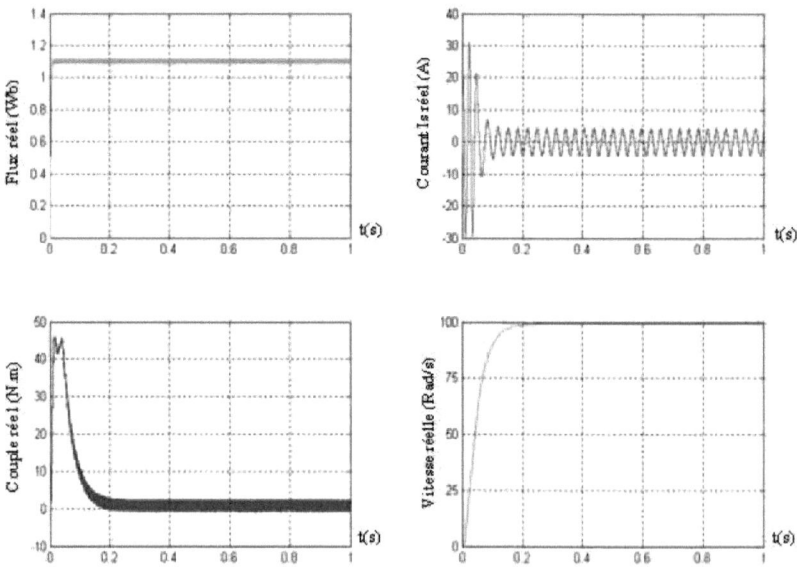

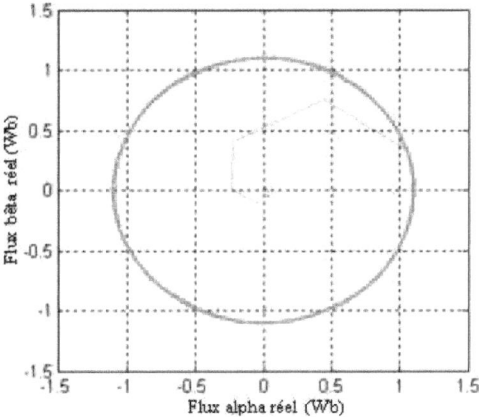

Fig. 3.28 Grandeurs réelles du flux, du couple, du courant, de la vitesse et de la trajectoire du flux statorique

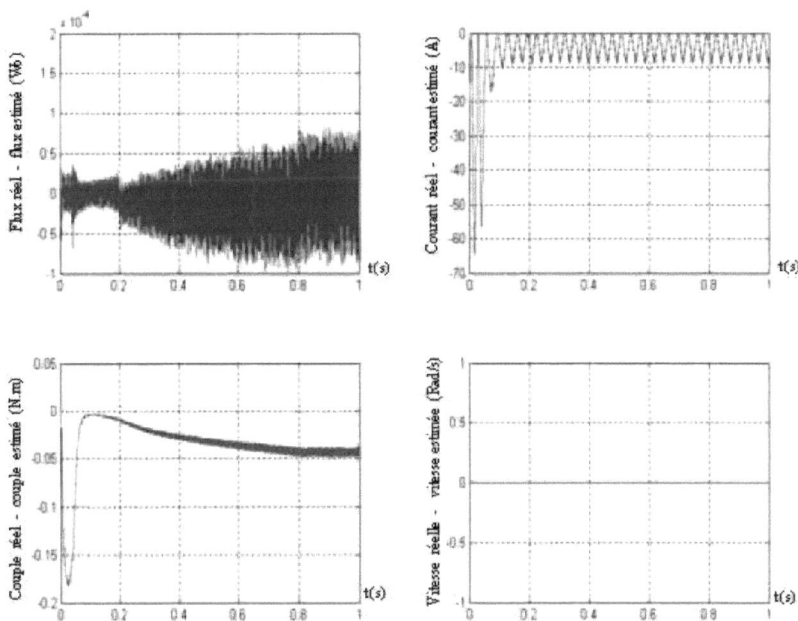

Fig. 3.29 l'erreur entre les grandeurs réelles et estimées du flux, du couple, du courant, et de la vitesse avec la vitesse nominale de l'ordre de 100 rad/s

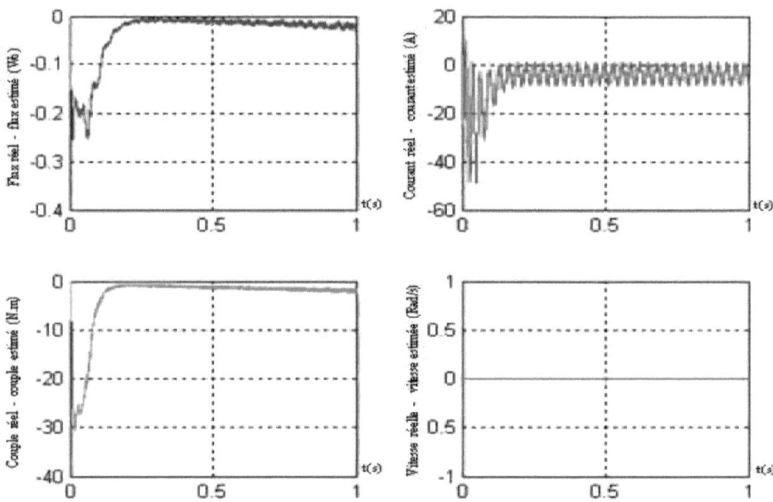

Fig. 3.25 la loupe de l'erreur entre les grandeurs réelles et estimées du flux, du couple, du courant, et de la vitesse avec la vitesse nominale de l'ordre de 100 rad/s

Conclusion

Ce chapitre a été consacré à l'étude de l'influence de la variation de la résistance statorique sur la robustesse et la stabilité de la commande par contrôle directe du couple (DTC) du moteur asynchrane. En effet , à cause des régulateurs par hystérésis et la fréquence de commutation qui est fortement variable, les ondulations de couple dépassent considérablement leurs bandes d'hystérésis[69]. Par conséquent, on obtient une distorsion harmonique typiquement plus importante que celle obtenue avec les stratégies qui comportent un modulateur, comme c'est le cas des commandes vectorielles[70]. Motivée par une tentative de minimiser ces inconvénients tout en conservant au maximum leurs avantages, on a pu vérifier une évolution significative de cette stratégie de contrôle direct du couple associé à un régulateur flou de la résistance statorique quant au fonctionnement à bases vitesses ou l'influence de la résistance statorique s'avère un grand problème. Des résultats de simulation détaillés ont été effectués et les cas traités présentent des variations critiques et extrêmes, par lesquels on a réussit de juger l'efficacité de l'estimateur flou proposé pour la compensation de la variation de la résistance statorique. Ainsi le rétablissement de la stabilité du système et le renforcement de la robustesse de la commande par DTC ont été réalisés vis-à-vis des variations sévères de la résistance statorique pendant l'entraînement de la machine asynchrone à basse vitesse.

Cette analyse nous permet d'aborder à présent les développements du chapitre suivant. Il s'agit

d'élaborer une stratégie de commande plus élaborée pour le renforcement des performances de fonctionnement de la machine étudiée, en l'occurrence la SVM.

Chapitre 4
Amélioration de la DTC par la modulation vectorielle SVM
4.1 Introduction
Les principes du contrôle direct du couple ont été établis dans le chapitre précédent, ou on a supposé que la vitesse de la machine asynchrone est assez élevée, pour négliger l'influence du terme résistif. Ces hypothèses ne sont plus vérifiées, si l'on se place dans des conditions de fonctionnement à basses vitesses. On examinera les problèmes liés à l'établissement des grandeurs flux statorique et couple électromagnétique durant le fonctionnement en régime transitoire magnétique et on développera une étude du fonctionnement en régime magnétique établi. On se penchera sur l'influence du terme résistif, pour pouvoir relever les défauts de progression du flux et du couple qui apparaissent à basses vitesses. Une partie sera consacrée, à l'étude de la robustesse de la structure DTC. Ainsi on analysera les performances du contrôle sur le couple, en tenant compte de l'écart existant entre la résistance statorique estimée et celle effective dans la machine. Afin de surmonter les inconvénients mentionnés, nous allons étudier quelques améliorations de la commande DTC classique telle que DTC basée sur la MLI vectorielle DTC_SVM [71].

4.2 Etude du régime transitoire et établi du flux statorique
Les principes du contrôle direct du couple ont été présentés avec un fonctionnement en régime magnétique établi. Il est nécessaire d'étudier le comportement du flux et du couple, lors de leur établissement respectif, à la mise en route du système.

4.2.1 Phénomène d'ondulation du flux statorique
Dans les conditions d'établissement des grandeurs flux et couple, les équations de la machine dans un repère lié au stator doivent prendre en compte l'évolution de l'amplitude du flux statorique [25] ; l'expression de la tension statorique Vs est donnée par :

$$V_S = R_S I_S + \frac{d\Phi_s}{dt} e^{j\theta_s} + j \frac{d\theta_s}{dt} \Phi_s \tag{4.1}$$

Dans la phase de démarrage, l'amplitude du flux statorique Φ_s et le couple électromagnétique Γ_e sont nuls. Seul le vecteur tension V_{i+1} est appliqué à la machine pendant l'intervalle de progression de ces deux grandeurs, comme le montre la figure.3.1.

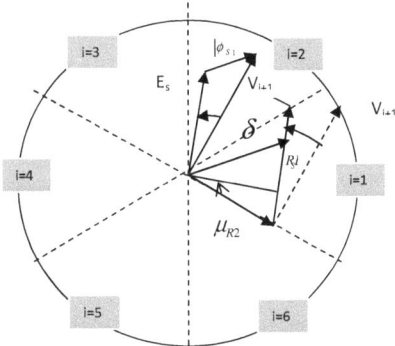

Fig.4.1   Trajectoire de $|\phi_{S2}|$ pour application simultanée du flux et du couple

D'après la figure, le décalage angulaire δ entre la force électromotrice Es et la tension appliquée Vi+1, montre que le terme résistif 'RsIs' influe directement sur l'établissement du vecteur flux statorique. On remarque qu'en début de zone i=1, que l'amplitude du flux statorique Φ_s noté $|\phi_{S1}|$ va décroître jusqu' a atteindre son point maximum. Par la suite le module flux statorique Φ_s noté $|\phi_{S2}|$ s'inverse et commence à augmenter à partir de ce même point. On remarque donc que l'établissement simultanée du flux et du couple est une progression sous forme d'ondulation de l'amplitude du flux statorique, cette ondulation est le résultat de l'influence de l'application du vecteur V_{i+1} ?, lors du déplacement du flux statorique sur une zone =i

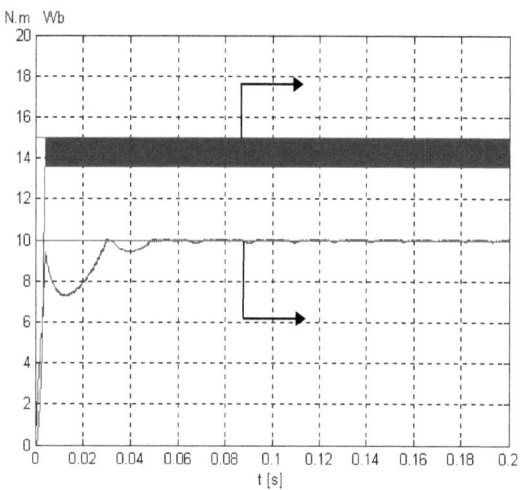

Fig.4.2 Etablissement du flux et du couple lors du démarrage

4.2.2 Résultats de simulations

Ces phénomènes d'ondulation et d'oscillations relevés sur la progression du flux statorique, peuvent être mis en évidence par simulation de la figure 3.2.

On note que durant toute la phase d'établissement du couple, l'amplitude du flux Φ_s progresse en ondulant. Chacune des ondulations correspondent à une zone de position N du vecteur flux Φ_s. les effets d'oscillations sont bien marqués en début de zone, ou l'on relève une décroissance légèrement accélérée,cependant ce phénomène s'inverse en fin de zone avec une croissance du flux qui est moins rapide.

L'ensemble des défauts de progression du flux statorique, entraîne un retard dans l'établissement du flux statorique. Par contre, le couple ne semble pas très affecté par les variations du flux. On remarque en effet qu'il s'établit sans contrainte de progression, ce qui lui permet de s'établir plus vite que le flux statorique.

4.2.3 Fin d'établissement du flux avec un couple établi

Lorsque le couple dépasse sa valeur de contrôle, la commande lui impose un vecteur tension nul (V_0 ou V_7) pour le faire décroître et le ramener à sa consigne. Sous l'influence du terme résistif, la sélection d'une tension nulle modifie le sens et la direction d'évolution du vecteur flux, comme le montre l'expression (3.2) du chapitre 3 soit :

$$\frac{d\Phi_s}{dt}e^{j\theta_s} + j\frac{d\theta_s}{dt}\Phi_s = -R_S I_S \qquad (4.1)$$

Par, conséquent pendant la durée d'application du vecteur nul, on observe une décroissance du module du flux Φ_s et une rotation en arrière du vecteur flux Φ_s .ce phénomène est d'autant plus important qu'a faibles vitesses   car les intervalles à vecteurs nuls sont beaucoup plus long que les intervalles à vecteurs non nuls.

La figure 4.3 montre l'orientation de la trajectoire de l'extrémité de Φ_s, pendant la phase de fin d'établissement du flux pour un couple établit ou non. La sélection d'un vecteur nul est marquée par une ponctuation sur la trajectoire de l'extrémité du flux

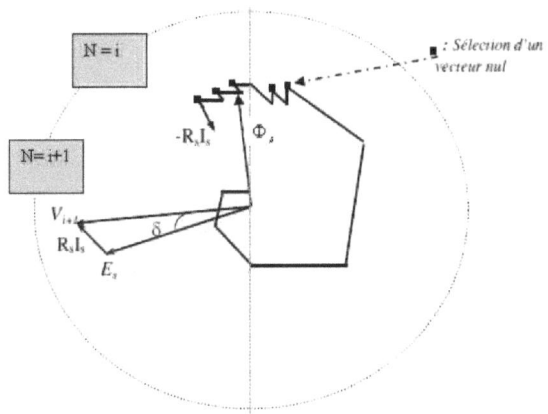

Fig. 4.3 Trajectoire de l'extrémité du vecteur Φ_s lors de l'établissement du flux

4.2.4 Correction des ondulations du flux

On a montré précédemment que l'application d'un vecteur non nul   ramène très légèrement le flux statorique en arrière. Néanmoins la modification de l'orientation de ce dernier est le résultat de l'influence du terme résistif, c'est pourquoi on cherchera des méthodes plus adéquates en intégrant un algorithme a la place de la table de vérité pour ramener le déplacement du flux dans la direction désirée [73].

4.3 Contrôle direct du couple basé sur la modulation vectorielle SVM

L'utilisation de la modulation vectorielle « SVM : Space Vector Modulation » est l'une des premières stratégies de contrôle direct deuxième génération proposés. Elle fait appel à un modèle approximatif de la machine, valable en régime permanent, et à un module MLI vectorielle, afin de procéder à une régulation prédictive du couple et du flux. Le principe de cette méthode est la détermination des portions de temps (durée de modulation) qui doivent être allouées à chaque vecteur de tension durant la période d'échantillonnage. Cette commande rapprochée (SVM) permet de déterminer les séquences des allumages et des extinctions des composants du convertisseur Cette technique propose donc un algorithme basé sur la modulation du vecteur de l'espace SVM pour commander le couple électromagnétique du moteur à induction et offre une fréquence de commutation fixe, elle améliore ainsi la réponse dynamique et le comportement statique de la DTC en réduisant le bruit acoustique, les ondulations du couple, du flux, du courant, et de la vitesse pendant le régime permanent, A cet effet, le flux et le couple sont estimés pour améliorer le courant et la tension du modèle[74].

4.3.1 Principe de la MLI Vectorielle.

Le vecteur flux statorique sur le repère dq est déterminé à partir du vecteur de tension $\vec{V}_s$, de la résistance du stator R_s et du vecteur courant $\vec{I}_s$ selon l'expression suivante :

$$\vec{\phi}_s = \int_0^t \left(\vec{V}_s - R_s \vec{I}_s \right) dt \tag{4.2}$$

Cependant, avec n'importe quel système d'entraînement, le calcul du flux statorique nécessite la connaissance de la résistance du stator, particulièrement à basse vitesse ou la plage de variation de l'entraînement est limitée à moins que certaine forme de l'estimateur de résistance est incorporée.

Le couple électromagnétique produit par la machine peut être déterminé par :

$$\Gamma_e = \frac{3}{2}\frac{P}{2}(\vec{\phi}_s.\vec{I}_s) = \frac{3}{2}\frac{P}{2}(\phi_{ds}I_{qs} - \phi_{qs}I_{ds}) \qquad (4.3)$$

Où p est le nombre de pôles dans la machine.

4.3.2 Modèle approximatif de la machine

La DTC basée sur la modulation vectorielle exige la connaissance de quelques paramètres du moteur asynchrone, à savoir la résistance statorique et l'inductance de fuite, ainsi chaque phase du moteur est modélisée comme une impédance R-L en série avec la Fém $\vec{E}$, voir la figure. 3.2, [75].

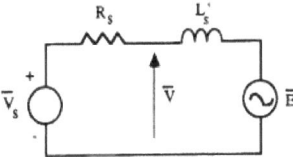

Fig. 4.4 schéma équivalent d'une phase de la machine

La variation $\Delta \vec{I}_s$ du vecteur courant statorique pendant une période d'échantillonnage T_e constante, est donnée par :

$$\Delta \vec{I}_s = \frac{\vec{V} - \vec{E}}{L_s'} T_e \qquad (3.5)$$

La période T_e est supposée constante dans le schéma proposé pour maintenir la fréquence de commutation constante. Pour les grandes vitesses, la chute ohmique de la tension du stator est négligée. Néanmoins Si la constante du temps statorique T_s est plus grande que la période d'échantillonnage T_e, La variation du couple l'électromagnétique, est donnée par [76] :

$$\Delta \Gamma_e = \frac{3}{2}\frac{P}{2}(\vec{\phi}_s.\Delta\vec{I}_s) = \frac{3}{2}\frac{P}{2}\left(\vec{\Phi}_s.\frac{\vec{V}_s - \vec{E}}{L_s'}T_e\right) \qquad (3.6)$$

Par conséquent, la variation du couple sur une période peut être prédite à partir de la tension

$\vec{V}_s$, le courant statorique $\vec{I}_s$ et la force électromotrice $\vec{E}$. Cette dernière peut être estimée à partir du flux et courant statorique suivant l'expression suivante :

$$\vec{E} = \vec{V}_s - R_s \vec{I}_s - \frac{d}{dt}\left(L'_s \vec{I}_s\right) = \frac{d}{dt}\left(\vec{\phi}_s - L'_s \vec{I}_s\right) \tag{3.7}$$

Si on suppose que $\vec{E}$ est une fonction sinusoïdale, alors :

$$\vec{E} = j\omega_s\left(\vec{\phi}_s - L'_s \vec{I}_s\right) \tag{3.8}$$

La pulsation ω_s peut être estimée par le vecteur flux statorique par:

$$\omega_s = \frac{\vec{\phi}_s \cdot j\omega_s\vec{\phi}_s}{\left|\vec{\phi}_s\right|^2} = \frac{\vec{\phi}_s \cdot \left(\vec{V}_s - R_s\vec{I}_s\right)}{\left|\vec{\phi}_s\right|^2} \tag{3.9}$$

Par conséquent, la variation du flux sur une période Te est donnée par :

$$\Delta\vec{\phi}_s = \left(\vec{V}_s - R_s\vec{I}_s\right)T_e = \vec{V}.T_e \tag{3.10}$$

4.3.3 Contrôle du flux et du couple DTC-SVM

La méthode de contrôle proposée est basée sur le calcul prédictif du vecteur tension statorique appliqué à la machine suite aux variations du flux et du couple pour déterminer l'état de commutation de l'onduleur, qui, selon la position des interrupteurs donne huit configurations possibles correspondant aux huit vecteurs de tension statorique dans le plan α β. On remarque que les vecteurs $\vec{V}_0$ et $\vec{V}_7$ sont nuls, quand aux autres, ils définissent six secteurs angulaires de π/3 rad. [77], [78].

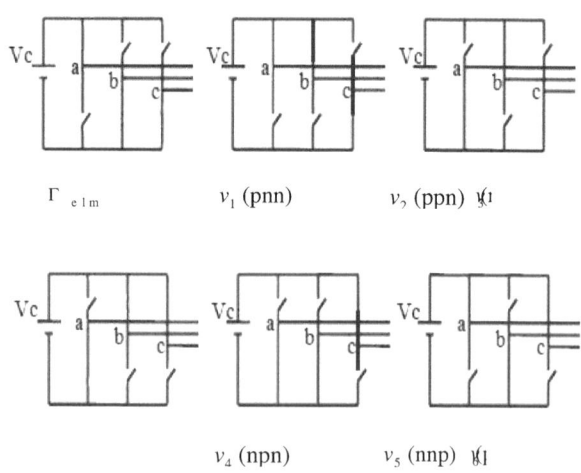

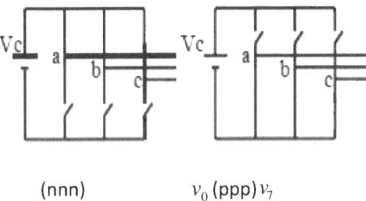

(nnn) v_0 (ppp) v_7

Fig. 4.5 les différentes configurations de l'onduleur de tension

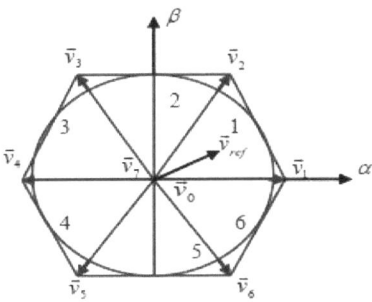

Fig. 4.6 Représentation des vecteurs de tension d'état de l'onduleur et de la référence

Afin de forcer le couple et le flux à suivre leurs références respectifs sur une période d'échantillonnage T_e. La variation du couple pour une période fixe T_n égale à la moitié de T_e
est donnée par [79], [80] :

$$\Delta \Gamma_e = \Gamma_e^* - \Gamma_e(T_n) \tag{3.11}$$

On remplace la relation (3.11) dans (3.6) on obtient l'expression suivante:

$$\Gamma_e^* - \Gamma_e(T_n) = \frac{3}{2}\frac{P}{2}\frac{T_e}{L_s'}\left(\vec{\phi}_s.(\vec{V}^* - \vec{E})\right) \tag{3.12}$$

Avec:

$\vec{V}^* = \vec{V}_s^* - R_s \vec{I}_s$

Dans le repère α β l'équation (3.12) est donné par :

$$\Delta\Gamma_e = \frac{3pT_e}{4L'_s}\left(\left(\phi_{\beta s}E_\alpha - \phi_{\alpha s}E_\beta\right) + \left(\phi_{\alpha s}V^*_\beta - \phi_{\beta s}V^*_\alpha\right)\right) \tag{3.13}$$

Avec:

$$K_e = \frac{4\Delta\Gamma_e L'_s}{3pT_e} + \left(\phi_{\alpha s}E_\beta - \phi_{\beta s}E_\alpha\right)$$

La composante de la tension suivant l'axe de β est donné par :

$$V^*_\beta = \frac{K_e + \phi_{s\beta}V^*_\alpha}{\phi_{s\alpha}} \tag{3.14}$$

L'erreur du flux statorique est donné par:

$$\Delta\left|\vec{\phi}_s\right| = \phi^*_s - \left|\vec{\phi}_s(T_n)\right| \tag{3.15}$$

Ainsi, l'amplitude du flux statorique est contrôlée à partir de l'équation suivante:

$$\phi^*_s = \left|\vec{V}T_e + \vec{\phi}(T_n)\right| \tag{3.16}$$

Ou par l'équation:

$$\phi^{*2}_s = \left(V^*_\beta T_e + \phi_{\beta s}\right)^2 + \left(V^*_\alpha T_e + \phi_{\alpha s}\right)^2 \tag{3.17}$$

En remplaçant (3.14) dans la relation (3.17), on peut déterminer V^*_α à partir de son équation quadratique suivante [81] :

$$\left(T_e^2 + \frac{\phi_{\beta s}^2}{\phi_{\alpha s}^2}T_e^2\right)V^{*2}_\alpha + \left(\frac{2K_e\phi_{\beta s}T_e^2}{\phi_{\alpha s}^2} + 2\phi_{\alpha s}T_e + \frac{2\phi_{\beta s}^2}{\phi_{\alpha s}}T_e^2\right)V^*_\alpha + \frac{K_e^2 T_e^2}{\phi_{\alpha s}^2} + \frac{2\phi_{\beta s}K_e T_e}{\phi_{\alpha s}} + \phi_{\beta s}^2 + \phi_s^{*2} = 0 \tag{3.18}$$

L'équation (3.18) à deux solutions de V^*_α. on retient la plus petite en valeur absolue qui représente la plus petite tension suivant l'axe α, susceptible de conduire le couple et le flux a leurs valeurs de référence[82].

On détermine $\vec{V}^*$ à partir de V^*_α et V^*_β respectivement des relations (3.18) et (3.14).

La valeur de la tension statorique de référence $\vec{V}^*_s$ est donné par :

$$\vec{V}^*_s = \vec{V}^* + R_s\vec{I}_s(T_n) = \left(V^*_\alpha + jV^*_\beta\right) + R_s\vec{I}_s(kT_e) \tag{3.19}$$

Le vecteur de tension statorique instantané $\vec{V}_s$ prend une des sept valeurs en fonction de l'état i de commutation de l'onduleur. Ceci est représenté dans la figure. 3.4. La tension du stator est
donnée par:

$$\left\{\begin{array}{l} \vec{v}_i = \sqrt{\dfrac{2}{3}} V_c\, e^{(i-1)\frac{\pi}{3}},\ i = 1..6, \\ \vec{v}_7 = \vec{v}_0 = \vec{0} \end{array}\right\} \quad (3.20)$$

La figure (3.5) montre le principe d'application de chaque vecteur en fonction de son poids, ce que nous résumons par la relation suivante:

$$\begin{array}{l} d_1\vec{v}_1 + d_2\vec{v}_2 = \vec{V}_{ref} = mV_c e^{jy} \\ d_1 + d_2 + d_3 = 1 \end{array} \quad (3.21)$$

Ou d_i est le poids de chaque vecteur, défini par le rapport de son temps d'application et la période de modulation $\dfrac{T_i}{T_e}$. L'indice de modulation est borné par $0 \le m \le m_{max} = \sin\left(\dfrac{\pi}{3}\right)$, et m_{max} décrit le rayon maximal du cercle intérieur à l'hexagone représenté sur la figure (3.5).

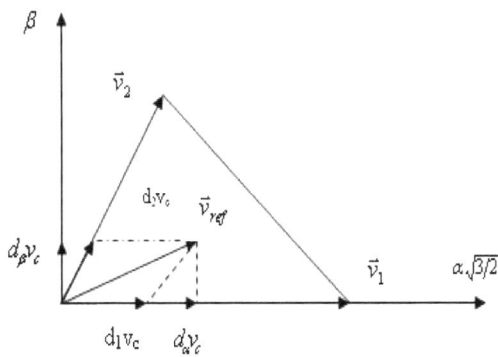

Fig. 4.7 composantes du vecteur $\vec{v}_{ref}$ dans le secteur 1

Si on prend le cas du premier secteur, par projection on obtient la matrice de passage des poids des vecteurs d_α et d_β définis dans le repère α β vers d_1 et d_2 (les durées d'application des vecteurs $\vec{v}_i$ et $\vec{v}_{i+1}$), [83].

$$\begin{bmatrix} d_1 \\ d_2 \end{bmatrix} = \begin{bmatrix} 1 & -1/\sqrt{3} \\ 0 & 2/\sqrt{3} \end{bmatrix} \begin{bmatrix} d_\alpha \\ d_\beta \end{bmatrix} \qquad (3.22)$$

Les matrices de passage pour les différents secteurs, sont résumées par le tableau suivant :

secteur	1	2	3	4	5	6
matrice	$\begin{bmatrix} 1 & -1/\sqrt{3} \\ 0 & 2/\sqrt{3} \end{bmatrix}$	$\begin{bmatrix} 1 & 1/\sqrt{3} \\ -1 & 1/\sqrt{3} \end{bmatrix}$	$\begin{bmatrix} 0 & 2/\sqrt{3} \\ -1 & -1/\sqrt{3} \end{bmatrix}$	$\begin{bmatrix} -1 & 1/\sqrt{3} \\ 0 & -1/\sqrt{3} \end{bmatrix}$	$\begin{bmatrix} -1 & -1/\sqrt{3} \\ 1 & -1/\sqrt{3} \end{bmatrix}$	$\begin{bmatrix} 0 & -2/\sqrt{3} \\ 1 & 1/\sqrt{3} \end{bmatrix}$

Tableau.4.1 Matrices de passage des différents secteurs

4.3.4 Distributions des commutations

Une fois les durées d'application des vecteurs calculées, il faut déterminer les instants de commutation des interrupteurs. Le problème étant de déterminer plusieurs séquences de commutations des interrupteurs qui correspondent aux temps calculés. Pour une même fondamentale de sortie, chaque séquence produit des harmoniques et des pertes en commutation différentes. La diversité de ces séquences est causée par la façon de distribuer le

temps d'application des vecteurs nuls $\vec{v}_0$, $\vec{v}_7$ et le positionnement de ces vecteurs sur une période de modulation, [84],

Vu le nombre important de ces séquences, notre choix était limité aux séquences minimisant les pertes de commutation, où on garde un bras sans commutation pendant chaque période de modulation. Comme que les vecteurs $\vec{v}_0$, $\vec{v}_7$ donnent la même dynamique, la réalisation du vecteur nul est sélectionnée selon le choix qui assure la symétrie sur une période du signal de référence [85]. Ainsi $\vec{v}_0$ est utilisé avant ou après les vecteurs impairs, alors que $\vec{v}_7$ est utilisé avant ou après les vecteurs pairs. Les rapports cycliques de conduction des trois bras dans le premier secteur sont donnés par la figure 3.6 suivante :

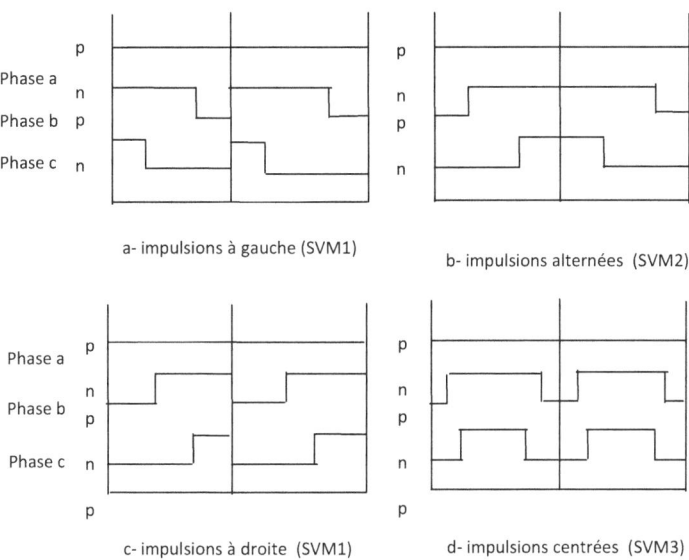

Fig. 4.8 Différents algorithmes d'application des vecteurs sur une période

Les algorithmes sont en effet définis selon les positions des rapports cycliques des bras de conduction de l'onduleur comme suit :

SVM1 : impulsions alignées à gauche ou à droite.

SVM2 : impulsions alternées.

SVM3 : impulsions centrées.

La SVM 4 est un algorithme adéquat pour réduire les pertes de commutation de l'onduleur, le choix judicieux du courant le plus faible en module est donc déterminant, par conséquent, il serait avantageux d'éviter de commuter le courant instantané le plus élevé correspondant dans la plupart des cas à la valeur zéro représenté par les vecteurs $\vec{v}_7$ (ppp) ou $\vec{v}_0$ (nnn) dans un secteur donné

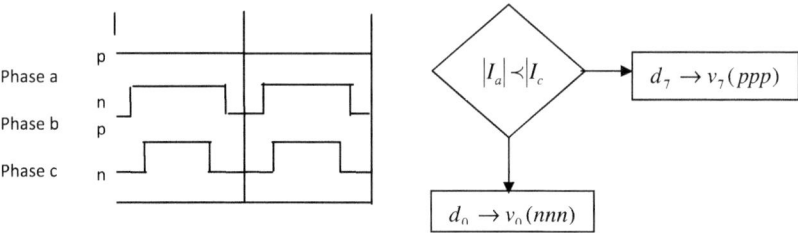

Fig. 4.9 impulsions centrées avec sélection du courant de commutation (SVM4)

Fig.4.10 choix du vecteur zéro dans le secteur 1.

4.4 structure de contrôle DTC à base de SVM

Le principe de cette technique utilise des régulateurs à hystérésis caractérisés par leur simplicité, leur rapidité illimitée et essentiellement par leur indépendance des paramètres de la commande [87], [88].

Ainsi, pour le vecteur tension situé dans le premier secteur, on utilise que les vecteurs $\vec{v}_1$, $\vec{v}_2$ et $\vec{v}_0$ et à l'aide d'une bande d'hystérésis "B_{ai}" on sollicite le vecteur $\vec{v}_1$ pour diminuer les courants dans les phases b et c ou le vecteur $\vec{v}_2$ pour augmenter les courants dans les phases a et b, ce qui permet de garder les trois courants à l'intérieur de la bande d'hystérésis. Une deuxième bande d'hystérésis plus grande "B_{ao}" est utilisé pour indiquer le passage du vecteur référence d'une région à une autre [89]. Le tableau.3 résume les différents cas possibles suivants [90] :

Ccpl	Cflx	Vecteur tension	
		Angle $\Delta\theta$	Amplitude $|V|$
-1	0	$-2/3\pi$	$2/3V_e$
	1	$-1/3\pi$	$2/3V_e$
0	0	0	0
	1		
1	0	$2/3\pi$	$2/3V_e$
	1	$1/3\pi$	$2/3V_e$

Tableau.4.2 Table de commutation

B_{ao} B_{bo} B_{co}	secteurs	B_{ai} B_{bi} B_{ci}	V_i
1 0 0	1	1 0 0 1 1 0 Autres cas	V_1 V_2 V_0
1 1 0	2	1 1 0 0 1 0 Autres cas	V_2 V_3 V_7
0 1 0	3	0 1 0 0 1 1 Autres cas	V_3 V_4 V_0
0 1 1	4	0 1 1 0 0 1 Autres cas	V_4 V_5 V_7
0 0 1	5	0 0 1 1 0 1 Autres cas	V_5 V_6 V_0
1 0 1	6	1 0 1 1 0 0 Autres cas	V_6 V_1 V_7

Tableau.4.3 les différentes configuration possibles

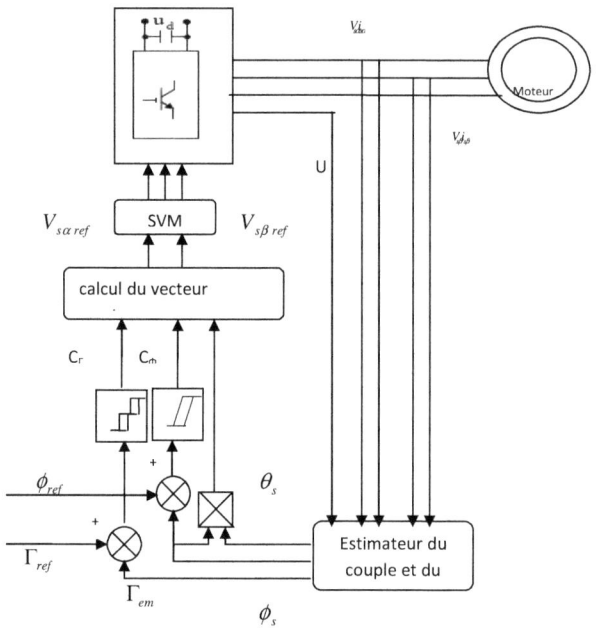

Fig.4.11 Schéma de régulation DTC à MLI vectorielle (SVM)

4.5 Résultats de simulations

Le comportement de la structure de la commande directe du couple DTC avec la technique de modulation du vecteur espace SVM avec régulateurs à hystérésis, appliquée à une machine de 4 kW, est simulé sous l'environnement Matlab/Simulink. La simulation est effectuée dans les conditions suivantes :

La bande d'hystérésis du comparateur de couple est, dans ce cas, fixée à 0.25 Nm, et celle du comparateur de flux à 0.001Wb

$\Gamma_{em\,ref}$ est récupéré à la sortie d'un PI, $\Phi_{sref} = 1.1$ Wb

Le choix des largeurs de bandes des correcteurs à hystérésis pour les comparateurs de flux et du couple reste essentiel. En effet, une bande assez large se répercute sur les grandeurs contrôlées. En revanche, une largeur de bande assez étroite n'est pas intéressante, cependant

Plusieurs techniques ont été présentées pour améliorer les performances de la DTC, ainsi la SVM s'impose dans ce cas comme l'alternative dans le but de réduire les ondulations du couple électromagnétique et du flux.

On a constaté que la DTCSVM avec hystérésis donne de bonnes performances dynamiques et statiques du couple développé et de flux statorique. On s'intéressera par la suite à l'étude de l'effet des paramètres de réglage sur les performances de cette nouvelle stratégie de commande.

4.6 Tests de robustesse

4.6.1 Commande avec boucle de vitesse

La fig. 4.12 présente le résultat de simulation du couple électromagnétique pour un échelon de consigne 25Nm à l'instant t=0.5s. La largeur de la bande d'hystérésis du comparateur de couple est, dans ce cas, fixée à 0.25. A travers cette simulation, nous nous apercevons que le couple suit parfaitement la valeur de la consigne et reste dans la bande d'hystérésis. On observe aussi, sur la même figure, la réponse de la vitesse à un échelon de 100 rad/sec qui montre que la DTC SVM présente une haute performance dynamique sans dépassement au démarrage, néanmoins elle est est légèrement sensible au couple de charge, ce qui est évident par la présence de perturbation.

Par ailleurs, la fig. 4.13 présente l'évolution du flux statorique dans le repère biphasé (α, β). La valeur de référence du flux est dans ce cas de l'ordre de 1.1Wb. Lors du démarrage, nous observons que l'influence du terme résistif pour un entraînement à faible vitesse au correspondant aux ondulations est quasi inexistantes contrairement au fonctionnement avec la DTC seule ou ce phénomène néfaste persistait

La fig. 4.14 montrent respectivement la composante en courant Isα présentant une allure sinusoïdale bruitées et la composantes en tension Vsα déterminées à partir de la tension continue issue du redresseur de tension, des ordres de commande, et de la transformation de Concordia, a donc une formes d'onde d'allure rectangulaire correspondante au découpage de la tension d'alimentation de l'onduleur

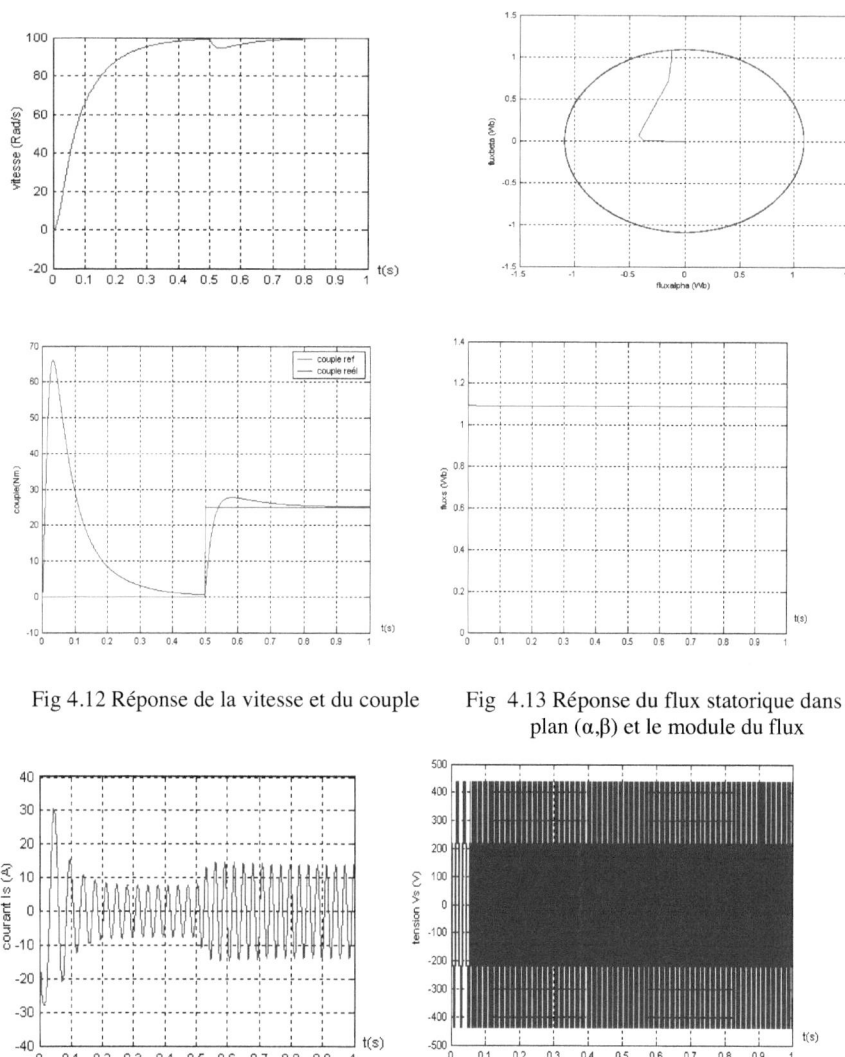

Fig 4.12 Réponse de la vitesse et du couple

Fig 4.13 Réponse du flux statorique dans plan (α,β) et le module du flux

Fig. 4.14 Réponse du courant Isα et de la tension Vsα du stator

4.6.2 Test de robustesse pour une variation de la charge

Les Fig. (4.14), (4.15), (4.16) présente le résultat de simulation lors de l'application de deux échelons de consigne à (t = 0.3s, C r = 25 Nm, à t =0.6, Cr =-25 Nm). Dans ce cas , nous constatons que le couple suit parfaitement les valeurs de consigne et reste dans la bande d'hystérésis définie auparavant, de même le module de flux statorique n'est pas affecté par la variation de la charge, et enfin les courants répondent avec succès à ce type de test. On peut dire donc, que cette technique permet d'obtenir une réponse très rapide des grandeurs de commande.

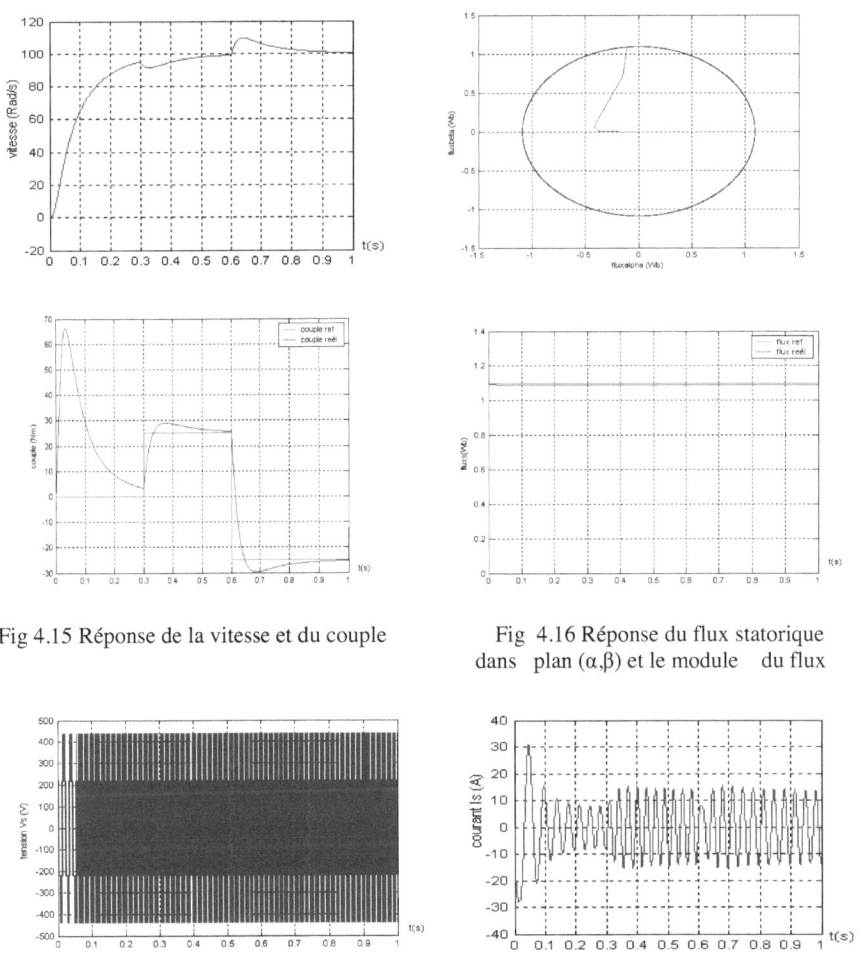

Fig 4.15 Réponse de la vitesse et du couple

Fig 4.16 Réponse du flux statorique dans plan (α,β) et le module du flux

Fig 4.17 Réponse du courant Isα et de la tension Vsα du stator

4.7 Effet des paramètres de réglage sur les performances de la DTC SVM

4.7.1 Effet du terme résistif

Pour étudier l'influence de la résistance statorique sur le comportement de la machine lors de la variation des paramètres électriques, nous avons simulé le système pour une augmentation de +100% de la résistance statorique nominale soit à Rs =2.4Ω, avec un entraînement à vitesse réduite de l'ordre de 20 rad/s, de cette façon les principes du contrôle direct du couple avec la technique de modulation du vecteur espace SVM avec régulateurs à hystérésis qui ont été établis en supposant que la vitesse de la machine est élevée pour négliger l'influence du terme résistif surtout pour le contrôle du flux ne sont plus vérifiées,ce qui nous permet de juger de l'efficacité de cette commande SVM quant à la dérive du terme Rs primordiale pour la technique DTC.

Les Fig. (4.17), (4.18), (4.19) illustrent l'évolution du module de flux statorique et du couple électromagnétique, on remarque d'après ces résultats que la variation de la résistance statorique n'affecte pas ces paramètres malgré la perturbation flagrante de la vitesse due à la consigne de charge de 25Nm à t=0.5s.en effet le couple suit la consigne parfaitement avec un léger dépassement alors que le module du flux statorique ne pressente aucune ondulation même au démarrage et se confond avec sa consigne , de même, l'allure du courant statorique et des composantes de tensions statoriques très satisfaisantes et de forme sinusoïdale.

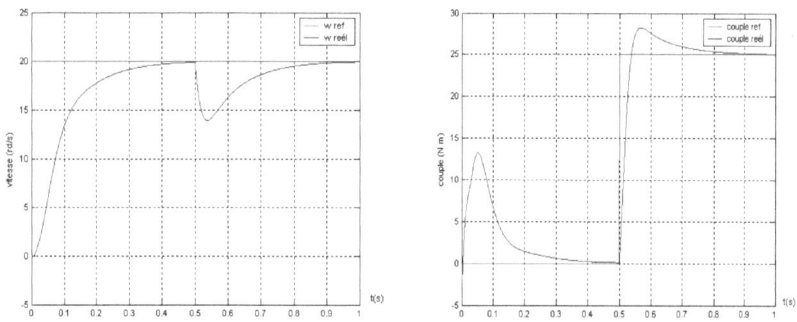

Fig. 4.18 Réponse de la vitesse et du couple

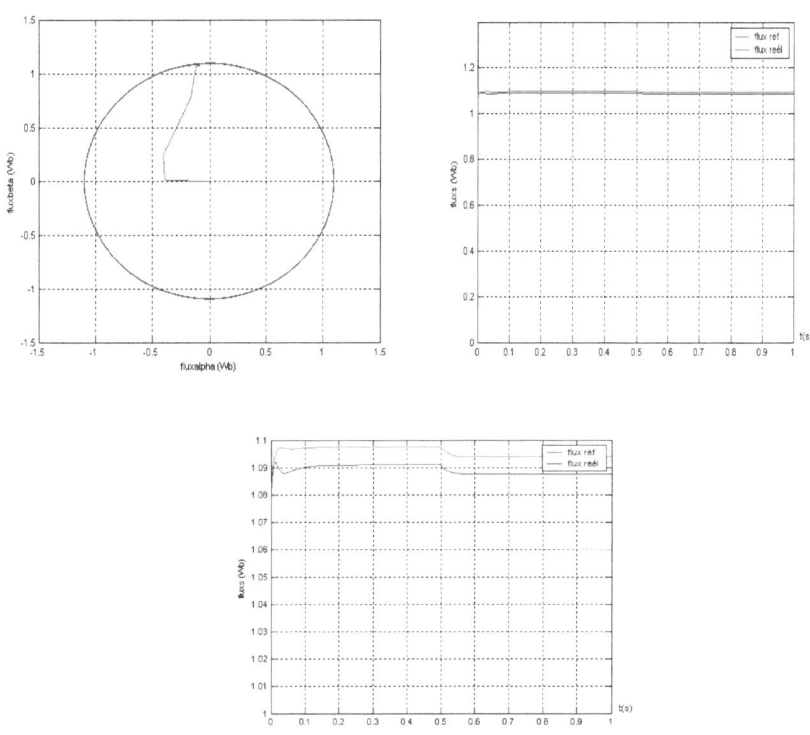

Fig. 4.19 Réponse du flux statorique dans le plan (α,β) et le module du flux

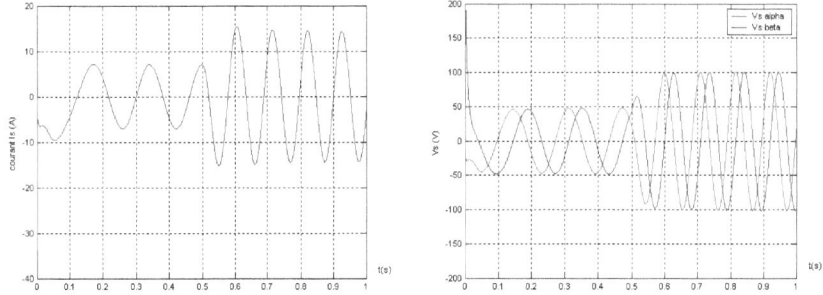

Fig. 4.120 Réponse du courant Isα et de la tension (Vsα,Vsβ) du stator

4.8 Test de robustesse pour l'inversion du sens de rotation de la machine

Pour tester d'avantage la robustesse de la commande DTC SVM vis à vis d'une variation de la référence de la vitesse, on introduit un changement de la consigne de vitesse de 20 rad/sec à - 20 rad/sec à l'instant t=0,5s, toujours avec un accroissement de la résistance statorique de 100% après une charge de 25Nm à t=0.5s. A l'inversion de vitesse on peut dire que la poursuite en vitesse s'effectue normalement avec un léger dépassement, qui montre la dynamique de flux de la machine, la trajectoire du flux statorique est pratiquement circulaire, le flux atteint sa référence de contrôle sans aucun dépassement des bornes de la bande de contrôle, la tension et le courant statorique ont donc une forme d'onde d'allure sinusoïdale, seulement ils sont affectés à l'instant d'inversion et progressivement le système retrouve sa stabilité.

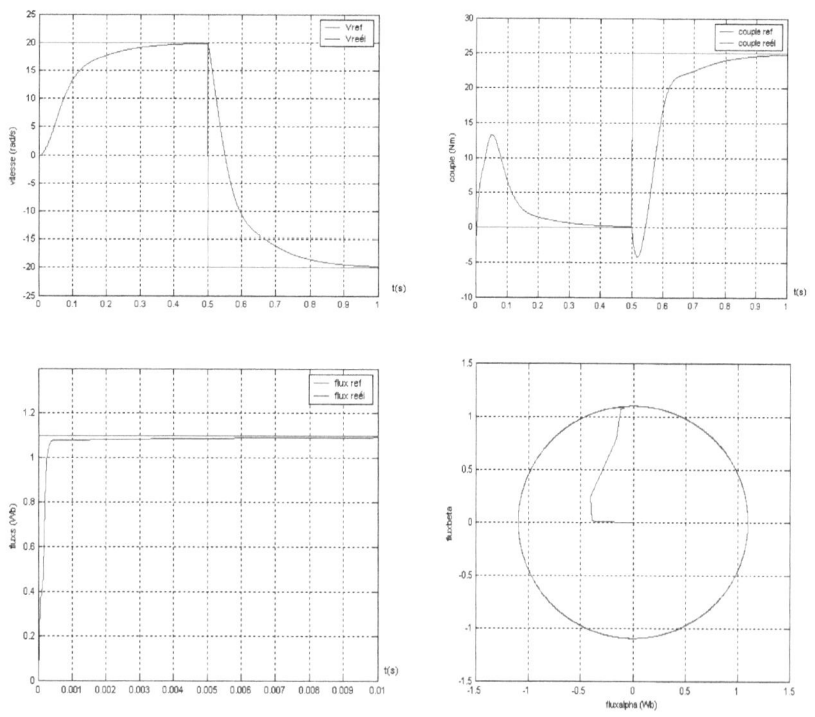

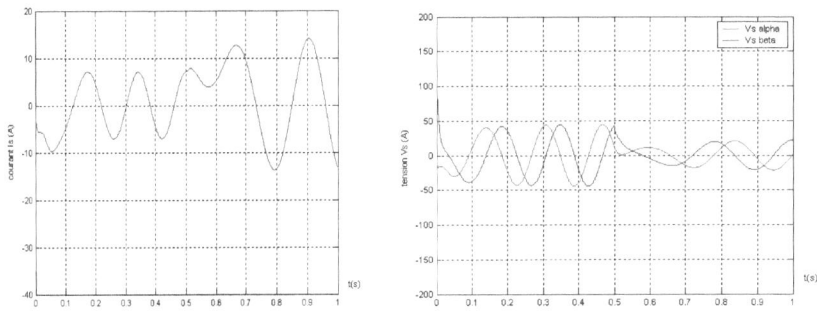

Fig. 4.21 Réponses du système pour une inversion de la vitesse.

Conclusion

La commande en commutation minimise les pertes du convertisseur par contre elle altère de façon importante les tensions appliqués au moteur électrique. Les techniques de modulation de largeur d'impulsion sont multiples et leurs choix dépendent du type de commande, de la fréquence de modulation de l'onduleur et des contraintes harmoniques fixés par l'utilisateur[91] .

Dans notre contexte et pour une utilisation d'un moteur de petite puissance à vitesse variable ou les onduleurs fonctionnent à des fréquences de commutation de quelques hertz. Nous avons mis l'accent sur la modulation vectorielle SVM pour confirmer sa supériorité sur la MLI intersective utilisé au chapitre précèdent avec la DTC. La simulation Simulink sous l'environnement Matlab a bien montré que les signaux de commande de la SVM ont une forme sinusoïdale malgré qu'ils soient légèrement bruités. Ainsi Le schéma PWM (Study of a pulse width modulation strategy de la SVM (Space Vector Modulation) génère une commande adéquate à la commutation. L'avantage de cette nouvelle stratégie d'entraînement DTC-SVM réside dans la maîtrise de la fréquence de commutation ce qui permet la réduction des harmoniques, ce qui diminue largement les pertes de commutation dans l'onduleur et facilite ainsi le choix des composants de puissance à utiliser. Elle permet aussi la localisation des fluctuations des erreurs du couple et du flux à l'intérieur de leur bande d'hystérésis d'autre part, elle présente un temps de réponse rapide du flux et du couple sans fluctuations. On note aussi que le démarrage est fiable à faible vitesse de fonctionnement, d'où l'intérêt avantageux que suscite cette technique aux problèmes issus a la suite de la présence d'une grande surcharge et un accroissement de la température susceptible de changer la valeur de la résistance statorique qui représente le paramètre critique de la DTC classique. Cependant nous abordons un nouveau chapitre dont le but d'améliorer davantage les performances de notre stratégie de commande DTC SVM en substituant aux comparateurs classiques à hystérésis un comparateur flou logique.

Chapitre 5

La Commande directe floue du couple (DFTC) de la MAS basée sur la SVM

5.1 Introduction

La logique floue, constitue l'une des approches qui, tout compte fait, n'est pas nouvelle. Son développement à conférer à l'homme la faculté de copier la nature et de reproduire des modes de raisonnement et de comportement qui lui sont propres. Bien que cette approche se soit imposée dans des domaines allant du traitement de l'image à la gestion financière, elle commence à peine à être utilisée dans les domaines de l'électrotechnique et de l'industrie afin de résoudre les problèmes d'identification, de régulation de processus, d'optimisation, de classification, de détection de défauts ou de prise de décision.

La technique de contrôle de la logique floue a été un sujet de recherche actif dans la théorie de l'automatisation et de contrôle pour faire face aux problèmes rencontrés dans les systèmes non linéaires, difficile à modéliser. Dans cette partie un algorithme est proposé et vise à améliorer la dynamique et l'exécution du schéma DTC-SVM. En effet, la commande directe floue du couple (DTFC) basée sur la (SVM) ; en anglais (direct torque fuzzy control), ou les comparateurs classiques et la table de sélection sont remplacés par un comparateur flou logique afin de bien conduire le flux et le couple vers leurs valeurs de référence durant une période de temps fixe .cette évaluation est obtenue en utilisant l'erreur du couple électromagnétique, l'erreur du module de l'angle et du vecteur flux statorique.

Ainsi on évalue l'apport apporté par cette technique à travers la simulation sous environnement Matlab /Simulik quant à l'amélioration qui consiste à réduire les ondulations du couple et du flux pour une variation de la valeur de la résistance statorique suite à un fonctionnement de la machine asynchrone à basse vitesse.

5.2 Le contrôle flou direct du couple avec l'onduleur de tension

Le principe du contrôle flou direct du couple (DFTC) est similaire à la DTC traditionnelle. la différence réside dans le remplacement des comparateurs à hystérésis du flux statorique et du couple par des contrôleurs logiques flous. Cependant le choix de la table de commutation est amélioré grâce aux huit vecteurs espaces de la modulation vectorielle (SVM), Ainsi, le contrôle en temps réel du couple est réalisé. Le système est donc constitué par des contrôleurs flous du flux et du couple, de l'onduleur, de la technique (SVM) et la machine asynchrone.

Le schéma fonctionnel des blocs de base utilisé pour mettre en œuvre le contrôle flou direct du couple DTFC proposé pour l'entraînement du moteur à induction est représenté à la Fig.5.1. Un onduleur de tension alimente le moteur et les valeurs instantanées du flux statorique et le couple sont calculés à partir de la variable du stator en utilisant un estimateur en boucle fermée. Le flux statorique et le couple sont contrôlés directement et indépendamment en sélectionnant correctement la commutation de l'onduleur.

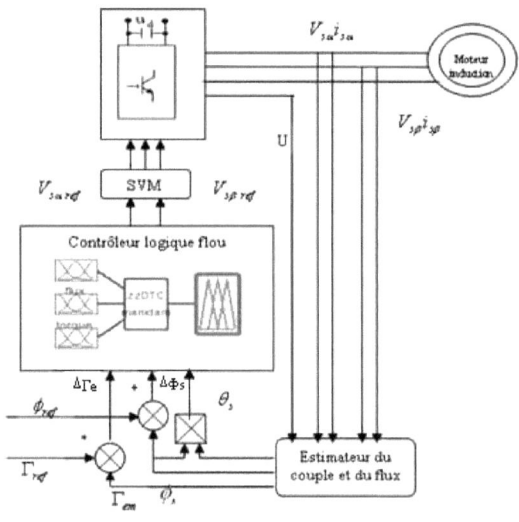

Fig. 5.1 Schéma du contrôle flou direct du couple (DFTC)

5.2.1 Modèle vectoriel de la tension de sortie de l'onduleur

La technique SVPWM est utilisée pour rapprocher le vecteur de tension employé à l'une des huit combinaisons possibles des vecteurs générés par l'onduleur de tension triphasé pour l'entraînement des moteurs asynchrones. Comme il y a trois membres indépendants, il y aura huit différents états logiques en appliquant le vecteur de transformation décrit comme suit:

$$V_s = \sqrt{\frac{2}{3}} V_{DC} \left[S_1 + S_2 e^{j\frac{2\pi}{3}} + S_3 e^{j\frac{4\pi}{3}} \right] \tag{5.1}$$

Huit combinaisons de commutation peuvent être prises selon l'expression ci-dessus (1)

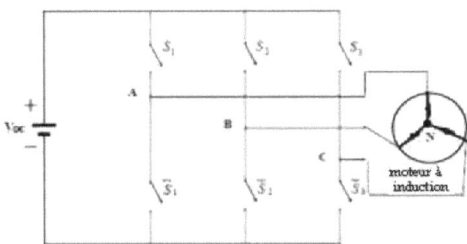

Fig. 5.2 schéma de l'onduleur de tension avec la technique SVPWM

5.2.2 Estimation du flux statorique et du couple

La liaison du flux statorique par phase et le couple électromagnétique estimés sont donnés respectivement par :

$$\overline{\phi_d} = \int_0^t \left(\overline{V_d} - R_s \overline{I_d} \right) dt \tag{5.2}$$

Avec :

$$V_d = \sqrt{\frac{2}{3}} V_{DC} \left(S_1 - \frac{1}{2}(S_2 + S_3) \right) \quad ; \quad I_d = \sqrt{\frac{2}{3}} I_A \tag{5.3}$$

Et

$$\overline{\phi_q} = \int_0^t \left(\overline{V_q} - R_s \overline{I_q} \right) dt \tag{5.4}$$

Avec :

$$V_q = \frac{1}{\sqrt{2}} V_{DC}(S_2 - S_3) \quad ; \quad I_q = \frac{1}{\sqrt{2}}(I_B - I_C) \tag{5.5}$$

$$\phi_s = \sqrt{(\phi_d^2 + \phi_q^2)} \tag{5.6}$$

$$\Gamma_{em} = p(\phi_d I_q - \phi_q I_d) \tag{5.7}$$

La résistance du stator Rs peut être supposée constante sur toute la périodes Ts de commutation du convertisseur, Le vecteur tension appliquée au moteur à induction reste également constant sur la période Ts. Par conséquent la résolution de l'équation conduit à:

$$\overline{\phi_s} = \int_0^t (\overline{V_s} - R_s \overline{I_s}) dt \tag{5.8}$$

$$\overline{\phi_s}(t) = \overline{\phi_s}(0) + \overline{V_s} T_s \tag{5.9}$$

Dans l'équation (9), $\phi_s(0)$ correspond à la condition initiale du flux statorique. Cette équation montre que le terme Rs.Is peut être négligé pour un fonctionnement à vitesse élevée correspondant à l'extrémité du vecteur statorique Vs. En outre, la vitesse instantanée du flux est seulement contrôlée par l'amplitude de la tension statorique donnée par :

$$\frac{d\overline{\phi_s}}{dt} \approx \overline{V_s} \tag{5.10}$$

Par conséquent, en choisissant le vecteur de tension adéquat, on peut augmenter ou diminuer l'amplitude et la phase du flux statorique pour obtenir les performances requises. Avec le choix souhaitable d'une séquence appropriée des vecteurs de tension, On peut forcer l'extrémité du vecteur de flux à suivre une trajectoire désirée.

Cependant Pour fonctionner avec un module de flux ϕ_s pratiquement constant, il suffit de choisir une trajectoire quasi circulaire pour l'extrémité du vecteur flux.

5.3 Principe du contrôle flou direct du couple DFTC

Le contrôle flou direct du couple DTFC du moteur d'entraînement à induction est conçu pour avoir trois variables d'entrée floue et une variable de contrôle de sortie. Son schéma fonctionnel est représenté par la figure 5.3. Il nécessite trois variables d'entrées qui sont l'erreur du flux statorique $\Delta\Phi_s$, l'erreur du couple électromagnétique $\Delta\Gamma_{em}$ et l'angle du flux statorique θ. la sortie est constituée par le vecteur espace de tension V_s. Le DTFC proposé se compose des blocs de fuzzification, des règles d'inférences, de la base de données, du centre de décision et de la défuzzification comme indiqué dans Fig.5.3.

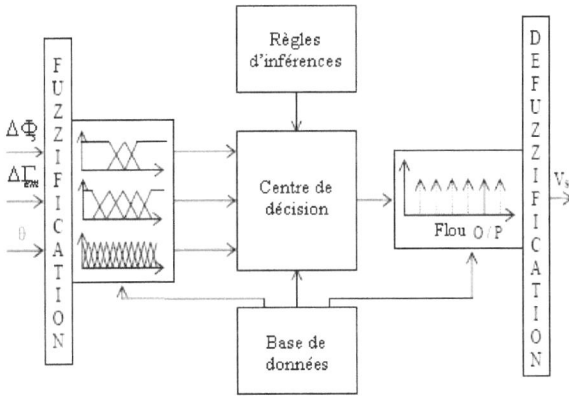

Fig. 5.3 Schéma bloc fonctionnel du contrôle flou directe du couple (DFTC)

Les variables d'entrée $\Delta\Phi_s$, $\Delta\Gamma_{em}$ et θ sont fuzzyfiés en utilisant des fonctions d'appartenances floues de formes triangulaires. Cependant la sortie de la DTFC est aussi floue mais fuzzyfiés par une fonction en forme de singletons. Toutes les règles floues possible sont stockées dans la table d'inférences. Ainsi la DFTC prend la décision appropriée quant à une variable d'entrée en s'appuyant sur cette table d'inférences floues.

5.3.1 fuzzification de la variation de l'erreur du flux $\Delta\Phi_s$

La variation de l'erreur du flux est donnée par $\Delta\Phi_s = \Phi_{ref} - \Phi_s$ où Φ_{ref} est la valeur de référence et Φ_s la valeur actuelle du flux. Trois valeurs linguistiques, négative, nulle et
positive notée N, Z et P sont respectivement utilisés pour fuzzyfiés $\Delta\Phi_s$ comme le montre la figure 5.4.

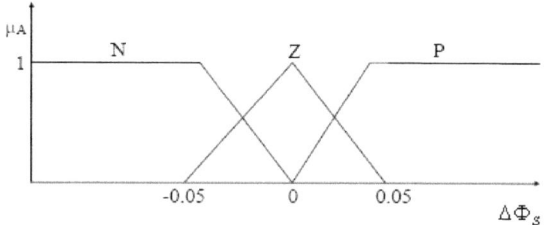

Fig.5.4 domaine de fuzzification de la variation de l'erreur du flux $\Delta\Phi_s$

5.3.2 fuzzification de la variation de l'erreur du couple $\Delta\Gamma_{em}$

La variation de l'erreur du couple $\Delta\Gamma_{em}$ est donnée par $\Delta\Gamma_{em} = \Gamma_{ref} - \Gamma_{em}$ où Γ_{ref} est la valeur de référence et Γ_{em} la valeur actuelle du couple. Cinq valeurs linguistiques, négatif grand, négatif petit, zéro, positif petit et positif grand notée NG, NP, ZE, PP et PG sont respectivement utilisées pour fuzzifIés $\Delta\Gamma_{em}$ comme le montre la figure 5.5.

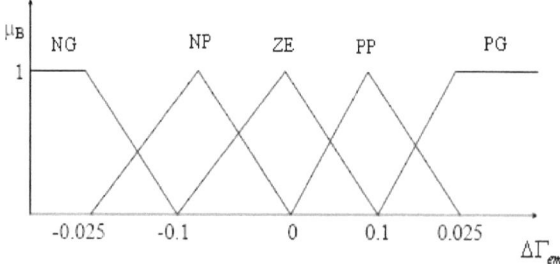

Fig.5.5 domaine de fuzzification de la variation de l'erreur du couple $\Delta\Gamma_{em}$

5.3.3 fuzzification de l'angle du flux statorique

L'angle du flux statorique θ est un angle entre Φ_s le flux statorique et l'axe de référence, il

est défini comme $\theta = \tan^{-1}\left(\dfrac{\phi_q}{\phi_d}\right)$.

Douze valeurs linguistiques, θ_0 jusqu'à θ_{12} sont utilisés pour fuzzifié le domaine de l'angle du flux statorique qui se traduit par 180 règles, un nombre jugé élevé pour être incorporées dans *Fuzzy Logic Toolbox* et il est difficile de l'appliquer en pratique. C'est pour cette raison que la nécessité d'obtenir un meilleur contrôle de l'action que celui proposé nous impose de réduire le nombre total de règle à l'entrée du contrôleur flou, en ce basant sur la symétrie des six secteurs dans le plan (α,β), il est possible de calculer l'ensemble des règles floues pour une seule région, pour cela l'angle du flux statorique peut être représenté sur un seul secteur variant *(-π/6→π/6)* au lieu *(0-2π)*.

L'angle du flux statorique à l'entrée de contrôleur flou est défini par l'équation :

$$\dot{\theta} = \theta_s - \frac{\pi}{3}\operatorname{int}\frac{\left(\phi_s + \dfrac{\pi}{6}\right)}{\dfrac{\pi}{3}} \tag{5.11}$$

Où $\dot{\theta}$ l'angle du flux statorique à l'entrée de contrôleur flou après la nouvelle transformation.

L'angle du flux statorique peut être décrit par 2 variables linguistiques (θ1→θ2), la fonction

d'appartenance est montrée par figure.5.6

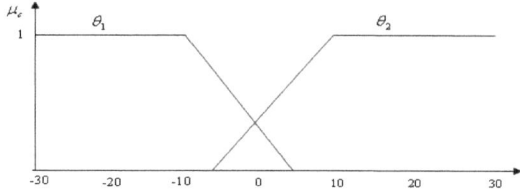

Fig.5.6. domaine de fuzzification de l'angle du flux statorique θ

5.3.4 fuzzification du vecteur espace tension V_s

Le contrôleur flou fourni à sa sortie les vecteurs tension V_1 (i=1 to 6) fuzzifiés par six valeurs linguistiques sous formes de singletons représentés comme suit :

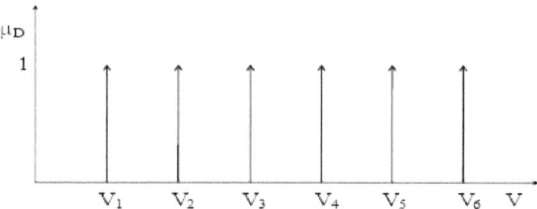

Fig.5.7. domaine de fuzzification du vecteur espace tension V_s

5.3.5. Défuzzification:

Après l'inférence floue, les ensembles flous, doivent être convertis en sortie à des grandeurs réelles.

5.3.6 La variable de commande

Chaque règle de commande, peut être décrite en utilisant les variables d'entrée $\Delta\Phi_s$, $\Delta\Gamma_{em}$ et $\dot{\theta}$ et la variable commande 'n' caractérisant l'état de commutation d'onduleur. Le i^{th} de la règle Ri peut être écrite comme suite :

Ri : si $\Delta\Phi_s$ est Ai, et $\Delta\Gamma_{em}$ est Bi et $\dot{\theta}$ est Ci alors n est Vi.

Avec : $\tilde{A}_i$, $\tilde{B}_i$, $\tilde{C}_i$ et $\tilde{V}_i$ représentent des ensembles fous. Il est à signaler que la difficulté d'obtenir une réponse rapide pour le flux et le couple autour de la valeur désirée, nous a conduit à considérer les règles de contrôle dans le secteur *(-π/6→π/6)* au lieu *(0-2π)*.Ainsi, pour augmenter le flux Φ_s on sélectionne les vecteurs V_1 ou V_2, sinon V_4 ou V_5 pour le diminuer. V2, V3, V4 augmentera le couple, tandis que pour le diminuer les vecteurs tensions V5, V6, V1 seront sélectionnés, de leurs cotés les vecteurs V0 ou V7 ont pour but de garder Φ_s constant dans une très courte durée de temps. Par le même raisonnement nous trouvons l'ensemble des règles de contrôle présenté par le tableau.5.1.

	θ_1				θ_2		
$\Delta\Gamma_{em}$ / $\Delta\Phi_s$	P	Z	N	$\Delta\Gamma_{em}$ / $\Delta\Phi_s$	P	Z	N
PG	V2	V2	V3	PG	V2	V3	V3
PP	V1	V2	V3	PP	V1	V3	V4
Z	V0	V0	V0	Z	V0	V0	V0
NP	V6	V0	V4	NP	V6	V0	V5
NG	V6	V5	V4	NG	V6	V6	V5

Tableau 5.1 Règles d'inférence floue

La méthode d'inférence employée dans cette étude est le procédé de M.Mamdani basée sur la décision min-max. Les fonctions d'appartenance des variables A, B, C et V sont données respectivement par µA, µB, µC et µD. . Le facteur αi pour la règle i^{th} peut être écrit par:

$$\alpha_i = \min(\mu_{Ai}(\Delta\Phi_s), \mu_{Bi}(\Delta\Gamma_{em}), \mu_{Ci}(\theta)) \qquad (5.12)$$

Par le raisonnement flou, le procédé minimum de M.Mamdani donne :

$$\mu_{Vi}(n) = \min(\alpha_i, \mu_{Vi}(n)) \qquad (5.13)$$

La fonction d'appartenance Nµ du rendement n est donné par :

$$\mu_V(n) = \max_{i=1}^{30}(\mu_{Vi}(n)) \qquad (5.14)$$

La valeur correspondant a μ ν (*n*) devrait ensuite être convertie à la réalité en un vecteur de tension. Dans le contrôleur flou proposé pour la défuzzification on a utilisé la méthode du centre de gravité.

5.4 Résultats de simulation

Nous avons testé le système pour une augmentation de 100% de la résistance statorique nominale soit à $R_s = 2.4\,\Omega$, avec un entraînement à vitesse réduite de l'ordre de 20 rad/s, de cette façon, on montre que l'introduction du contrôleur flou à la commande par DTC SVM du MAS, donne une bonne compensation du couple électromagnétique, il est intéressant de constater que la simulation montre de meilleures performances en présence de boucle de régulation de

vitesse. La vitesse de rotation obtenue suit sa référence avec un bon rejet des perturbations voir figure 5.10, le couple présente une poursuite satisfaisante de la charge, néanmoins un très léger dépassement comparé à celui de la DTC SVM apparaît à l'instant t= 0.5s, correspondant au moment de l'application de la consigne de 25 Nm. Cependant on observe une meilleure réponse du flux par rapport à celles des méthodes proposée précédemment, car le module du vecteur flux statorique suit bien sa valeur de référence. Ce qui bien montré sur la figure5.11, ou il est clairement montré que son établissement est très rapide et il n'y a pas donc d'influence du terme résistif, avec une trajectoire de vecteur flux statorique qui est parfaitement circulaire sans aucune ondulation en régime permanent ou le couple et le flux suivent leurs références avec des erreurs statiques qui sont virtuellement nuls. . La figure.5.11 montre que le courant statorique à une forme sinusoïdale avec une importante atténuation des ondulations, où il présente peut de fluctuation aux instants de changement de la charge.

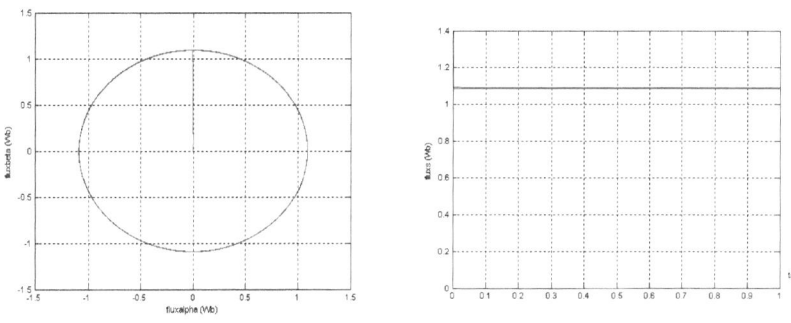

Fig.5.8 Réponse du flux statorique dans le plan (α,β) et le module du flux

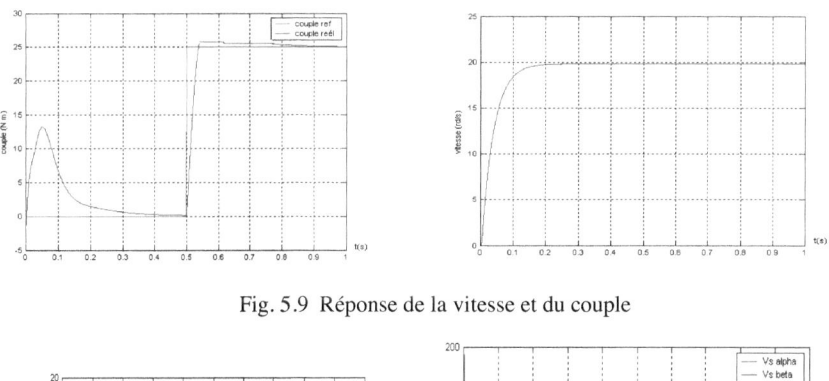

Fig. 5.9 Réponse de la vitesse et du couple

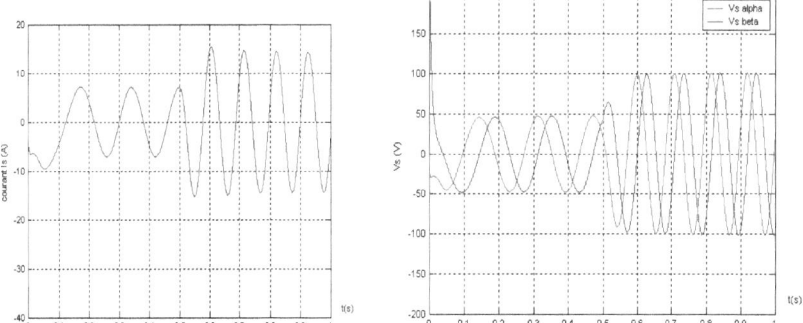

Fig. 5.10 Réponse du courant Isα et de la tension (Vsα,Vsβ) du stator

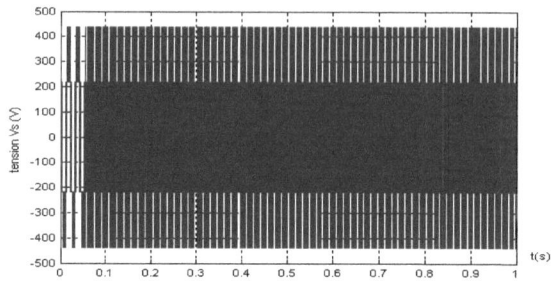

Fig. 5.11 La tension entre phase et point milieu Vam

Conclusion

Dans ce chapitre, une méthode alternative de contrôle direct du couple de la machine à induction a été présentée. La stratégie combine l'avantage du contrôle direct du couple DTC, la modulation vectorielle SVM et la logique floue. Alors que la DTC offre l'avantage du découplage du flux et du couple moteur par orientation du champs magnétique ce qui permet de les estimer à partir des seules grandeurs électriques accessibles au stator, la technique SVM a été utilisés afin de fixer la fréquence de commutation et pour réduire les ondulations du couple. Cependant la logique floue, par son raisonnement proche de celui de l'homme offre la capacité à contrôler des systèmes non linéaires comme c'est le cas de notre machine. Néanmoins, l'application de la (FDTC) aux onduleurs à deux niveaux ne permet pas de limiter la fréquence de commutation (inconvénient principal de cette stratégie de commande), sinon elle génère des fluctuations nuisibles au niveau du couple. Pour pallier ce problème et conserver la simplicité du système, on a impliqué la technique de modulation vectorielle SVM pour maintenir la fréquence de commutation constante et permettre à la (FDTC) de surmonter la problématique exposée ci-dessus et obtenir des résultats qui seront présentés pour illustrer la robustesse d'un tel observateur flou. Les tests effectués à travers une simulation Simulink pour un entraînement à basse vitesse avec un accroissement de la résistance statorique de 100% et une application d'un échelon de charge de l'ordre de 25 Nm ont prouvé l'efficacité de cette nouvelle stratégie de commande. En effet la simulation montre de meilleures performances que celles obtenues par la DTC SVM étudié au chapitre précèdent, en atténuant le dépassement du couple, avec une forme parfaitement circulaire et sans aucune ondulations pour le module du flux statorique, l'allure du courant est sinusoïdale et la fréquence de commutation constante autour de la valeur de 9 KHz.

Conclusion générale

Le travail réalisé dans le cadre de cette thèse a permis de développer une structure de commande des machines asynchrones, peu sensibles aux variations paramétriques et ne nécessitant pas de capteur mécanique. Cette structure de commande appelée contrôle direct du couple DTC, se présente comme une alternative aux commandes vectorielles basées sur l'orientation du flux rotorique. Ces dernières jusqu'alors très largement répandues, toutefois cette technique de commande présente relativement une certaine sensibilité liées aux variations paramétriques et dépendant du modèle de connaissance de la machine, ainsi la robustesse de l'algorithme de la commande vectorielle est remise en cause. Pour réaliser des réponses à dynamique élevé et un contrôle fin du couple, la machine doit être alimenté par des courants sinusoïdaux, ceci peut être effectué à l'aide d'un onduleur de tension contrôlé, ou on utilise des techniques d'hystérésis. Cependant, certaines de ces structures délivrent des fréquences de commutation élevés et des dépassements de la bande d'hystérésis. Dans cette thèse, nous examinons une technique à hystérésis qui permet de réduire considérablement la fréquence de commutation et minimise ainsi les pertes d'une part et les dépassements de la bande d'autre part, ainsi la DTC s'avère une technique prometteuse avec la résistance du stator représentant le seul paramètre nécessaire pour l'estimation du flux et du couple. L'objectif principal de ce travail consiste à proposer des méthodes de contrôle permettant d'améliorer les défaillances de la DTC classique. Pour cela on a développé le modèle mathématique du moteur asynchrone utilisé par la commande directe du couple ainsi que l'onduleur à deux niveaux. Les résultats de simulations ont montré une grande robustesse contre les variations paramétriques, les principes de cette stratégie ont été présenté d'une manière détaillée, cette commande est sans doute une solution satisfaisante aux problèmes de robustesse et de dynamique, néanmoins le contrôle de la résistance statorique est fortement recommandé. On remarque désormais que sous l'effet de l'accroissement de la température, sa valeur risque d'augmenter de l'ordre de 100% de sa valeur nominale et par conséquent, elle altère la stabilité du système, d'ailleurs c'est ce qu'on remarque selon nos résultats de simulations lors du démarrage du moteur pour le module du flux statorique et le couple électromagnétique. Par la suite, on a examiné l'effet de la variation de la résistance statorique sur les performances de la commande DTC ou on a proposé une méthode d'estimation de cette résistance du stator pour compenser convenablement cette variation ,pour cela on a réalisé un régulateur flou qui a donné finalement des résultats acceptables quant au fonctionnement de la machine à basse vitesse,on constate vraisemblablement q'elle donne une bonne estimation de la résistance et en conséquence une bonne compensation du couple et du flux et un rétablissement de la stabilité du système par élimination statique sur l'erreur du courant. Dans un autre volet et toujours dans le but d'apporter des améliorations à cette technique DTC, notre travail fut orienté sur les principaux problèmes qui sont la fréquence de commutation, les ondulations du flux statorique ,du couple électromagnétique et le courant. C'est pourquoi dans le quatrième chapitre on a d'une part étudié le régime transitoire magnétique de la commande et élaborée une correction des phénomènes d'ondulations qui apparaissent à basse vitesse, d'autre part on a suivi l'évolution du terme résistif sur le comportement de la commande, ensuite on a proposé une stratégie d'amélioration des performances de la DTC sans introduire des modifications notables sur la commande afin de respecter ce qui la caractérise et qui est sa simplicité,en l'occurrence la DTC base sur la modulation vectorielle DTC SVM , Les résultats de simulations ont confirmés l'efficacité de cette technique et on constate effectivement que le vecteur statorique référence est reproduit dans son allure sinusoïdal, de surcroît le compromis est réalisé avec la minimisation des pertes de commutation. Aussi, et pour des basses vitesses de l'ordre de 20rad/s le système conserve sa stabilité. Finalement et toujours, avec l'intention de réaliser des performances plus satisfaisantes, on a ouvert la voie aux techniques intelligentes et en l'occurrence la logique floue pour contribuer a améliorer la commande DTC SVM en substituant les comparateurs hystérésis classique du flux et du couple par des régulateurs flous logiques, en effet cette technique a donné de meilleurs performances que celle obtenues dans les chapitres précédents, ainsi ses résultats prometteuses validés par nos tests de simulations ont le grand intérêt qu'a apporté cette technique intelligente dans le domaine de la commande et l'entraînement de la machine asynchrone.

Etude comparative

1. Résultats de simulations

1.1 La DTC classique

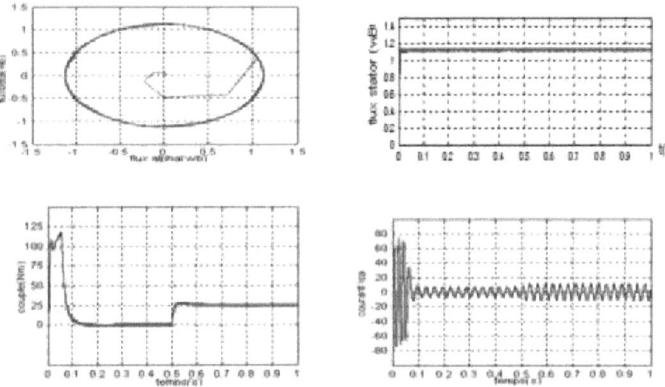

Fig. comparative.1

1.2 La DTC classique avec l'apport de l'estimateur floue de la résistance Rs

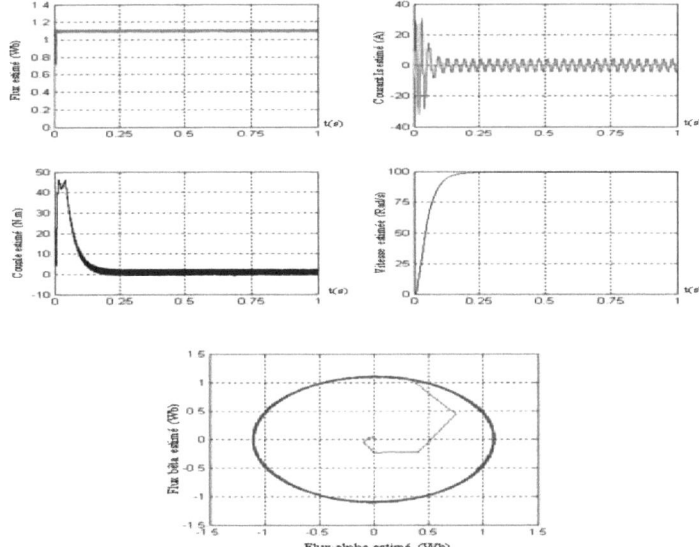

Fig. comparative.2

1.3 La DTC SVM

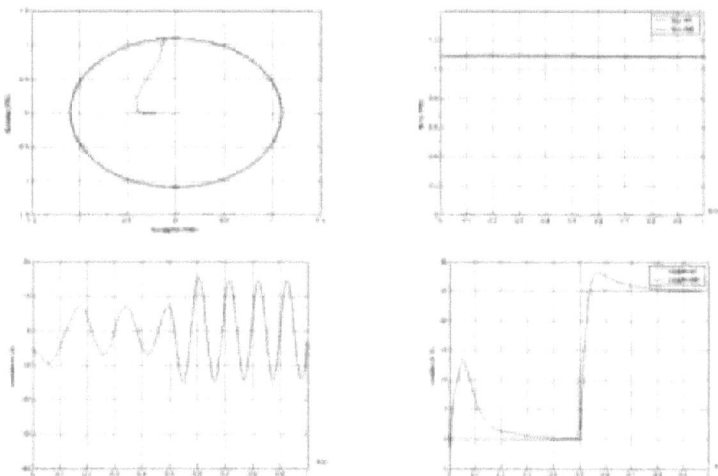

Fig. comparative.3

1.4 LA FDTC SUR LA BASE DE LA SVM

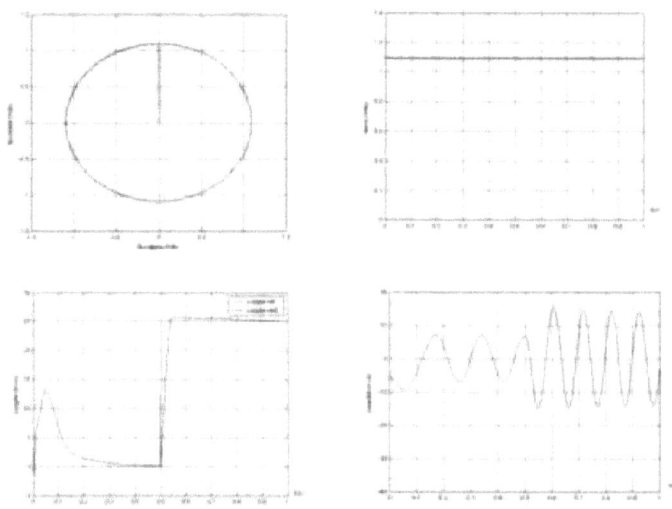

Fig. comparative.4

2. Tableau de comparaison

TYPE DE COMMANDE	AVANTAGES	INCONVENIENTS
La DTC classique	- la réponse du module du flux statorique atteint sa valeur de référence sans dépassement.	- Pour les courants, la DTC présente un courant plus oscillant, au démarrage. - la trajectoire du flux statorique présente lors du démarrage des ondulations dues, en partie, à l'influence du terme résistif - Fréquence de commutation variable.
La DTC avec l'estimateur floue	L'estimateur flou proposé pour la compensation de la variation de la résistance statorique a rétabli la stabilité du système et a renforcé la robustesse de la commande par DTC du MAS, vis-à-vis des variations sévères de la résistance statorique de 100%	- Les ondulations du courant et du flux persistent au démarrage. - le couple suit sa consigne parfaitement, cependant son rétablissement est un peu lent par apport à la DTC classique. - Fréquence de commutation variable.
La DTC SUR LA DASE DE SVM	- Le flux est bien contrôlé - le couple présente moins d'ondulations et suit sa consigne convenablement - Le courant statorique est sinusoïdal. - Fréquence de commutation constante.	- le couple présente un léger dépassement. - flux s'établit lentement

LA FDTC SUR LA BASE DE LA SVM	- le flux et le couple sont très bien contrôlés et se confondent avec leurs références. - la trajectoire du flux est parfaitement circulaire sans aucune ondulation au démarrage. - Le courant statorique est sinusoïdal. - Fréquence de commutation constante.	- Fréquence de commutation un peu élevée.

3. Etude comparative avec les résultats présentés sur des articles publiés

Afin de confirmer la validité de mes résultats, je les ai comparés avec ceux retrouvés sur des articles publiés par des journaux accessibles, dont, voici ci-dessous quelques exemples consultés.

Article 1. Direct torque control of induction motor drives using (DTC SVM) University teknologi malaysia, Dr. Nik Rumzi Nik Idris Melor, 16400 Kota Bharu, Kelantan. Nama Penyelia Tarikh: 11 November 2005.

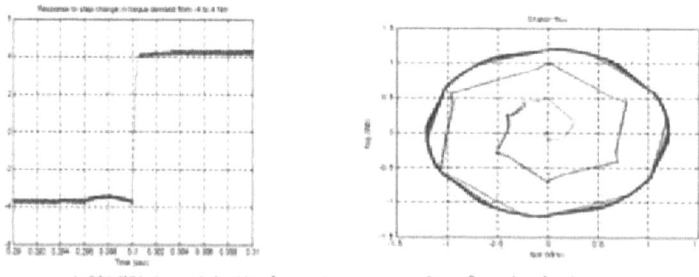

Torque response for DTC-SVM scheme with closed-loop flux control   Stator flux path in d-q plane for conventional DTC

Article.2 Minimization of torque ripple of direct-torque controlled induction

machines by improved discrete space vector modulation
Xin We, Dayue Chen, Chunyu Zhao, 0378-7796/$ – see front matter © 2004 Elsevier B.V. All rights reserved. doi:10.1016/j.epsr.2004.03.004.

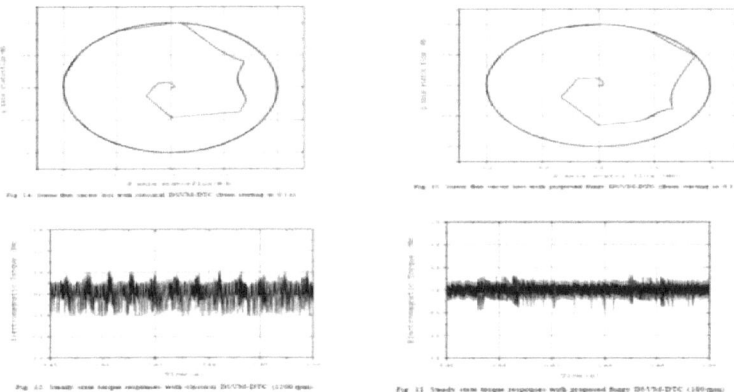

Article.3 High performance DTC of induction motor using SVM
Jagdish G. Chaudhari , Sandeep K. Mude, Prakash G. Gabhane; 1-4244-0038-4 2006 IEEE CCECE/CCGEI, Ottawa, May 2006

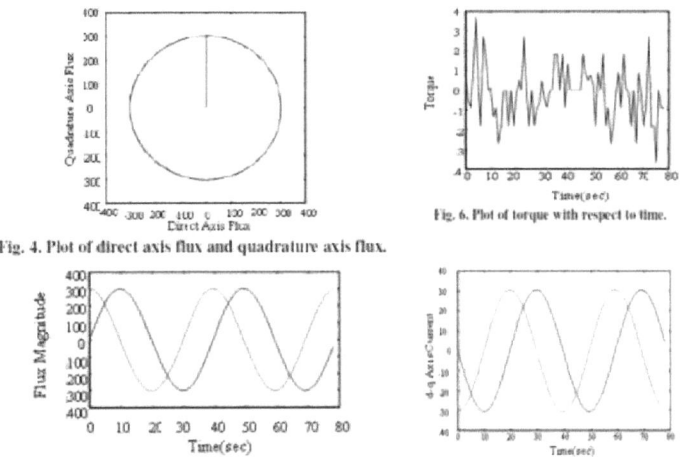

Fig. 4. Plot of direct axis flux and quadrature axis flux.

Fig. 6. Plot of torque with respect to time.

Fig. 5. Plot of flux magnitude with respect to time.

Fig. 7. Plot of d-q axis current with respect to time.

Article.4 Improved DTC of induction motor with fuzzy resistance estimator
S. BENAICHA, F. ZIDANI, R. NAIT SAID* and M.S. NAIT SAID, EUSFLAT - LFA 2005

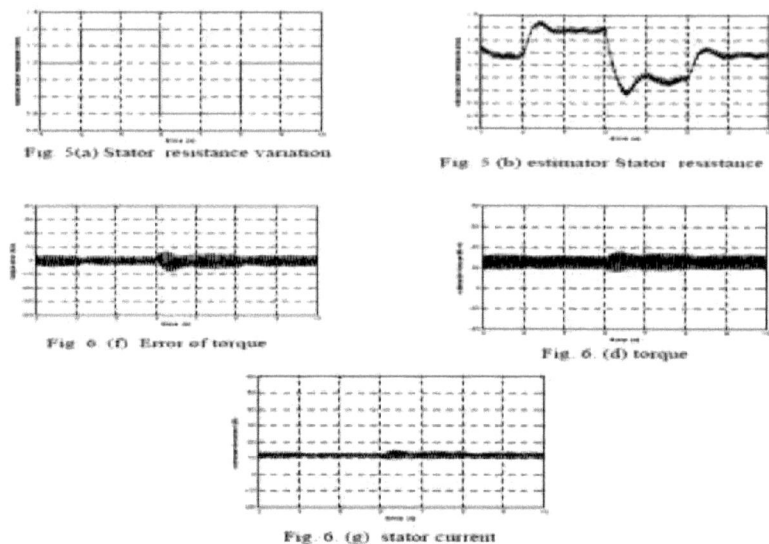

Fig 5(a) Stator resistance variation

Fig 5 (b) estimator Stator resistance

Fig 6 (f) Error of torque

Fig. 6. (d) torque

Fig. 6. (g) stator current

Article 5. AI based Direct Torque Fuzzy Control of AC Drives
Jagadish H. Pujar and S.F. Kodad International Journal of Electronic Engineering Research ISSN 0975 - 6450 Volume 1 Number 3 (2009) pp. 233–244.

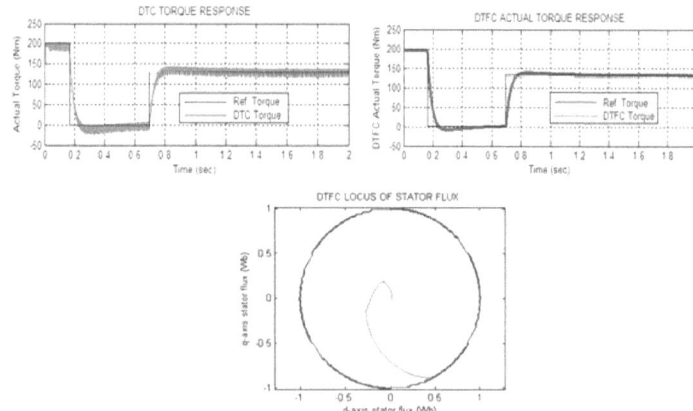

Article.6 Direct Torque Control for Induction Motor Using Fuzzy Logic
R.Toufouti S.Meziane ,H. Benalla,ACSE Journal, Volume (6), Issue (2), June, 2006

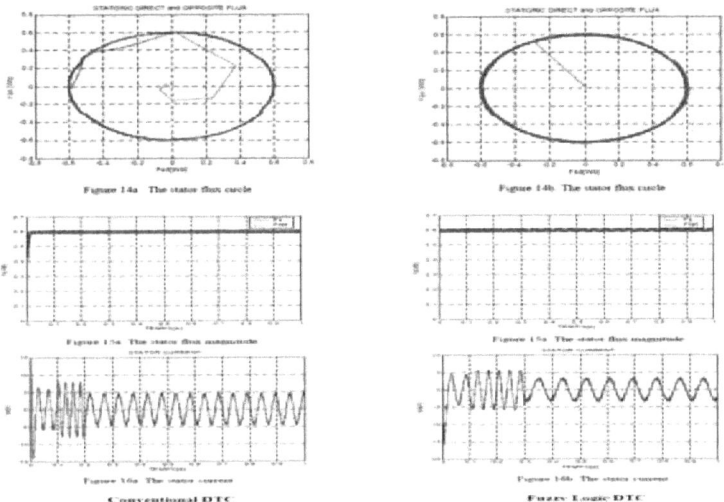

Article.7 Research on Reducing Torque Ripple of DTC Fuzzy Logic-based
Gao Sheng-wei1.2, Wang You-Hua1, Cai Yan2, Zhang Chuang, 978-1-4244-5848 6/10/$26.00 ©2010 IEEE

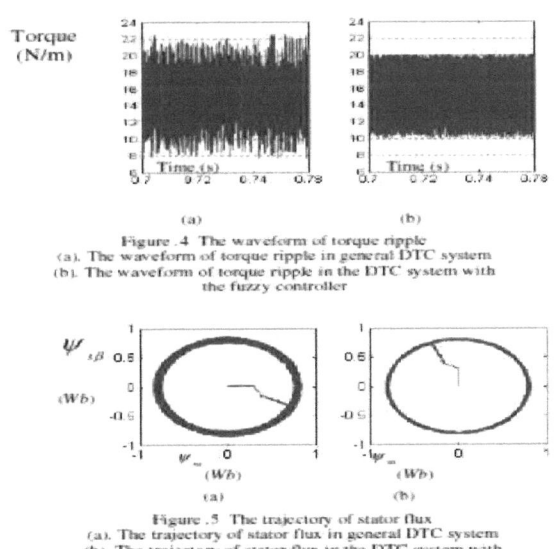

Figure .4 The waveform of torque ripple
(a). The waveform of torque ripple in general DTC system
(b). The waveform of torque ripple in the DTC system with the fuzzy controller

Figure .5 The trajectory of stator flux
(a). The trajectory of stator flux in general DTC system
(b). The trajectory of stator flux in the DTC system with the fuzzy controller

Article.8 Research on Direct Torque Control of Induction Motor Based on Dual-Fuzzy Space Vector Modulation Technology
Yuedou Pan, Yihai Zhang, 2009 Sixth International Conference on Fuzzy Systems and Knowledge Discovery, School of Information Engineering University of Science and Technology Beijing.

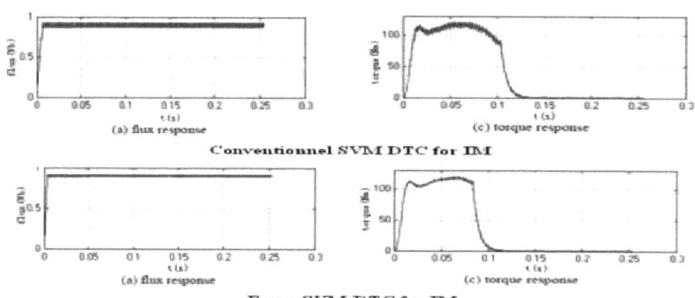

Article.9 The Fuzzy Direct Torque Control of Induction Motor Based on Space Vector Modulation
Xiying Ding , Qiang Liu , Xiaona Ma , Xiaoran He and Qing Hu, School of Electrical Engineering, Shenyang University Of Technology 58, Xinghua Street, *Shenyang 110023, China*

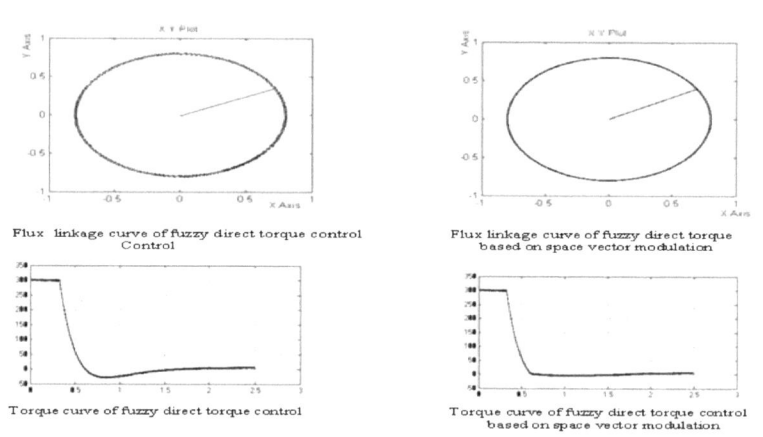

Article.10 A Comparison of Various Strategies for Direct Torque Control of Induction Motors.
Lamia youb , Aurelian Craciunescu, University of Newcastle. Downloaded on December 17, 2008   at 07:32 from IEEE Xplore.

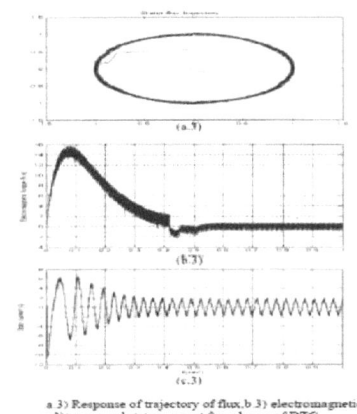

a.3) Response of trajectory of flux, b.3) electromagnetic
c.3)torque and stator current for scheme of DTC
Simulation results of DTC -fuzzy hysteresis regulators associated

Response of a.4) trajectory of flux, b.4) electromagnetic
torque and c.4) stator current for scheme of DTC
DTC- fuzzy hysteresis with SVM

4. Commentaires et interprétations

A travers ce survol bibliographique des revues, on remarque sur (l'article 1. et l'article 2.) les mêmes résultats de simulations présentés sur (la fig. comparative.1), ou, la trajectoire du flux statorique conventionnelle présente des ondulations au démarrage, et avec l'introduction de la technique SVM, ces ondulations s'atténuent au niveau du couple qui est le paramètre reconnu le plus affecté dans la DTC. On note aussi à travers (l'article3.) comparativement avec les courbes de la (fig. comprative.2), la capacité de la technique DTC SVM de donner des résultats, encore plus satisfaisants avec de hautes performances avec une bonne utilisation. La compensation des dérives de la résistance statoriques Rs qui est le paramètre très sensible pour la DTC a été analysée par (l'article 4.) et (la fig. comparative.3), en effet, l'apport de l'estimateur flou est de taille, quant à sa capacité de réduire l'erreur du couple électromagnétique et du courant entre les valeurs estimées et réelles. (Les articles 5,6 et 7) montrent clairement la contribution de la logique floue de minimiser les ondulations au niveau du couple, cependant, (les article 8 , 9 et 10) portant sur le control flou direct du couple FDTC sur la base de la SVM, valident par comparaison mes résultats de la (fig. comparative.4) et illustre la fiabilité de cette technique et l'intérêt qu'elle suscite pour l'amélioration des performances statiques et dynamiques de la machine asynchrone dans le domaine de l'entraînement à basse vitesse et confirme sa robustesse vis-à-vis des perturbations extérieures et de la variation paramétrique.

5. conclusion

Afin d'avoir une meilleure appréciation des résultats obtenus à travers le travail effectué dans cette thèse, il est nécessaire d'effectuer une comparaison des caractéristiques statiques et dynamiques de mes résultats avec les travaux des articles ci-dessus présentés. Malgré la différence dans les conditions de fonctionnement (références, charges perturbations, …etc.) et dans la configuration de simulation (pas d'échantillonnage, durée de simulation, …etc.), les résultats exposés par ses articles nous permettent de valider les méthode d'amélioration de la stratégie de la commande directe du couple proposées dans cette thèse.

RÉFÉRENCES BIBLIOGRAPHIQUES

[1] L. Baghli, "Méthodes de commande du moteur asynchrone pour un cahier de charge précis," Rapport bibliographique, INPL, Nancy, Avril 1995, 27p.

[2] C. De Wit, "Optimisation, discrétisation et observateurs". Vol 2, édition hermes science europe Ltd, 2000.

[3] S. Y. A. Chapuis, "Contrôle direct du couple d'une machine asynchrone par L'orientation de son flux statorique", Thèse de doctorat de l'INPG France, 15 Jan 1996.

[4] S. Wei, D. Chen and C. Zhao, « Minimization of Torque Ripple of Direct Torque Controlled Induction Machines by improved discrete Space Vector Modulation, » Electric Power System Res., Vol. 72, No. 2, pp. 103 – 112, December 2004.

[5] S. Belkacem, F. Naceri, R. Abdessemed, "Robust Nonlinear Control for Direct Torque Control of Induction Motor Drive Using Space Vector Modulation", Journal of Electrical Engineering, vol. 10, no. 3, pp. 79-87, Sep 2010.

[6] G. Besançon, "Contributions à l'étude et à l'Observation des Systèmes non Linéaires avec recours au Calcul Formel", thèse de doctorat, Université de Grenoble, Novembre 1996

[7] Minh Ta Cao, "Commande numérique de machines asynchrones par logique floue". Thèse de doctorat, faculté des sciences et de génie, Université Laval Québec, 1997

[8] G. Bornard, F. Celle-Couenne and G. Gilles, "Observabilité et Observateurs», Systèmes non linéaires, Proc. Of the Colloque International en Automatique Non Linéaire, pp. 177-221, Masson, Paris, 1993

[9] D. Khmessi " Commande de position des machines asynchrones avec pilotage vectoriel ", Ecole militaire polytechnique, thèse de magister 2000.

[10] C. Carlos," Optimisation, discrétisation et observateurs, commande des moteurs asynchrones 2", Edition Hermes Science Europe 2000.

[11] M.W.L Tgein and E.A. Misawa, "Comparison of the Sliding Observer to Several State Estimators Using a Rotational Inverted Pendulum", in Pro. of 34th Conf. On Decision & Control, New Orieans, LA-December 1995.

[12] G. Guy, C. Guy, "Actionneurs Electriques, Principes Modèles Commande», Edition Eyrolles, 2000.

[13] T. A. Wolbank, A. Moucka, and J. L. Machl, " A Comparative Study of Field-Oriented Control and Direct-Torque Control of Induction Motors Reference to Shaft-Sensorless Control at Low and Zero-Speed", Intelligent Control, Proceedings of the IEEE International Symposium, pp. 391-396. Oct 2002.

[14] Abdesselam Chikhi, Khaled Chikhi, Mohamed Djarallah, "The Direct Torque Control of Induction Motor to Basis of the Space Vector Modulation" JECE Vol. 1 No. 1, 2011 PP. 5-10 ○C 2011 World Academic Publishing

[15] F. Khoucha, K. Marouani, K. Aliouane, A. Kheloui, " Experimental Performance Analysis of Adaptive Flux and Speed Observers for Direct Torque Control of Sensorless Induction Motor Drives, " IEEE Power Electronics Specialists Conference Germany, pp. 2678-2683, 2004.

[16] M. P. Kazmierkowski, A. B. Kasprowicz, "Improved direct torque and flux vector control of PWM inverter-fed induction motor drives," IEEE Trans. Indus. Electron., vol. 42, n°4, pp. 344-349, Aug. 1991

[17] S. Belkacem , F. Naceri, R .Abdessemed , "Speed sensorless DTC of induction motor drives using EKF", ICEEA'08, International Conference on Electrical Engineering and its Applications Sidi Bel-Abbes, May 20 – 21, 2008.

[18] Z. Zhang, R. Tang, B. Bai, and D. Xie, "Novel Direct Torque Control Based on Space Vector Modulation With Adaptive Stator Flux Observer for Induction Motors", IEEE transactions on Magnetics, vol. 46, no. 8, pp. 3133–3136, 2010.

[19] M. Elbuluk, "Torque ripple minimization in direct torque control of induction machines", University of Akron, 2003.

[20] M. Pacas and J. Weber, "Predictive direct torque control for the PM synchronous machine", IEEE Transactions on Industrial Electronics, vol. 52, no. 5, pp. 1350–1356, October 2005.

[21] C. Elmoucary, " Contribution à l'étude de commande directe de couple et du flux de la machine à induction", Thèse de doctorat, university Paris IX, 2000.

[22] M. Cirrincione, M. Pucci, G. Vitale, G. Cirrincione, " A new direct torque control strategy for the minimization of common mode emissions", Industry applications, IEEE transactions on volume 42, issue 2, march-april 2006 pages: 504-517

[23] J. Faiz, M. B. B. Sharifian, A. Keyhani, and A.B. Proca, "Sensorless direct torque control of induction motors used in electric vehicle energy conversion", IEEE transactions on power electronics, vol. 18, pp. 1- 10, March 2003.

[24] J. Rodreguez, J. Pontt, C. Silva, S. Kouro and H. Miranda, "A novel direct torque control scheme for induction machines with space vector modulation", 35th annual IEEE power electronics specialists conference Aachen, Germany, pp. 1392-1397, 2004.

[25] K. B. Lee, J. H. Song, I. Choy, J.Y. Choi, J. H. Yoon, and S. H. Lee, "Torque ripple reduction in DTC of induction motor driven by 3-level inverter with low switching frequency", PESC , pp. 448–453, 2000.

[26] C. A. Martins, X. Roboam, T.A. Meynard, and A.S. Carvalho, "Switching frequency imposition and ripple reduction in DTC drives by using a multilevel converter", IEEE Trans. on Power Electronics, vol .17, no. 2, pp. 286–297, 2002.

[27] L. Lin, Y. Zou, Z. Wang, H. Jin, X. Zou, H. Zhong, "A DTC algorithm of induction motors fed by three-level inverter with neutral-point balancing control", Proceedings of the CSEE, vol. 27, no. 3, pp. 46–50, 2007.

[28]   F. Hussein, E. Soliman, E. M. Elbuluk, "Direct Torque Control of a Three Phase Induction Motor using a Hybrid PI/Fuzzy Controller", IEEE, pp. 1681-1685, 2007.

[29]   L. Tang and M.F. Rahman, "A new direct torque control strategy for flux and torque ripple reduction for induction motors drive-A Matlab/Simulink Model", School of electrical engineering and telecommunications the university of New South Wales Sydney,Australia, pp. 1-7, 2002.

[30]   M. Pacas and J. Weber, "Direct Torque Control for the PM Synchronous Machine", Industrial Electronics Society, 2003. IECON '03. The 29th Annual Conference of the IEEE, vol. 2, pp. 1249–1254, Novembre 2–6, 2003.

[31]   I. Sarasola, J. Poza, M. A. Rodríguez et G. Abad, "Predictive Direct Torque Control for Brushless Doubly fed Machine with Reduced Torque Ripple at Constant Switching Frequency", IEEE ISIE International Symposium on Industrial Electronics, Juin 2007.

[32]   R. M. Caporal et M. Pacas, "A predictive Torque Control for the synchronous Reluctance Machine Taking Into Account the Magnetic Cross Saturation", IEEE Transactions on Industrial Electronics, 54(2): 1161–1167, Avril 2007.

[33]   D. Casadei, G. Grandi, G. Serra, A. Tani, " Effects of Flux and Torque Hysteresis Band Amplitude in Direct Torque Control of Induction Machines", 20th International Conference on Industrial Electronics, Control and Instrumentation, IECON '94, vol. 1, pp. 299-304, 5-9 Sept 1994.

[34]   L. Cristian, I. Boldea, and F. Blaabjerg, "A modified direct torque control for induction motor Sensorless drive", IEEE Trans .Industrial Appl, vol. 36, pp. 122-130, Jan/Feb 2000.

[35]   J. K. Kang, D. W. Chung, S. K. Sul, "Direct Torque Control of Induction Machine with Variable Amplitude Control of Flux and Torque Hysteresis Bands", IEEE/IEMD Int. Conf, pp. 640-642, 1999.

[36]   V. Ambrozic, G. S. Buja, R. Menis, " Band-constrained technique for direct torque control of induction motor", IEEE Transactions on Industrial Electronics, vol. 51, no.4, pp. 776–784, 2004.

[37]   A. Llor, B. Allard, L. Xuefang, J. M. Retif, "Comparaison of DTC implementation for Synchronous machines", Power electronics specialists conference, 2004. PESC 04. IEE 35 th annual, volume 5, 20-25 June 2004 pages: 3581-3587 vol.5.

[38]   S. H. Kaboli, M. R. ZolghadriI, A. Homaifar, "Effects of sampling time on the performance of direct torque controlled induction motor drive", IEEE power electronics, pp. 421-426, 2003.

[39]   G. Edelbaher and K. Jezernik, "Speed sensorless torque and flux control of induction motor" IEEE international symposium ind elec, ISIE'03, vol. 1, pp. 240 – 245, June 2003.

[40]   R. K. Behera and S. P. Das, "Improved direct torque control of induction motor with dither injection", vol. 33, no. 5, pp. 551–564, October 2008.

[41] T. A. Wolbank, A. Moucka, and J. L. Machl, "A comparative study of field-oriented control and direct-torque control of induction motors reference to shaft-sensorless control at low and zero-speed", Intelligent control, proceedings of the IEEE international symposium, pp. 391-396. Oct 2002.

[42] P. Marino, M. D'incecco, N. Visciano, "A comparaison of direct control methodologies for induction motor", Power tech proceedings, 2001 IEEE Porto, volume 2, 10-13 sept. 2001, vol.2

[43] E. Mamdani, "An experiment in linguistic synthesis with a fuzzy logic controller", Intrnational journal on man- machine studies, vol. 07, pp. 1-13, 1975.

[44] L. Romeral, A. Arias, E. Aldabas, and M.G. Jayne, "Novel direct torque control (DTC) scheme with fuzzy adaptive torque ripple reduction", IEEE Trans. on Industrial Electronics, vol. 50, no. 3, pp. 487–492, 2003.

[45] A. H. H. Amin, H. W. Ping, H. Arol, H. A. F. Mohamed, "Fuzzy logic control of a three phase induction motor using field oriented control method", University of Malaya, Malaysia, 2002.

[46] J. Zhijun, H. Shimiao, C. Wenhui, "A New Fuzzy Logic Torque Control Scheme Based on Vector Control and Direct Torque Control for Induction Machine", (ICICIC'08), 2008.

[47] S. Xi Liu, M. Yu W, Y. Guang Chen, S. Li, "A Novel Fuzzy Direct Torque Control System for Three-level Inverter-fed Induction Machine", International Journal of Automation and Computing, vol. 7, no. 1, pp. 78-85, February 2010.

[48] W. Pedrycz, "Fuzzy control and fuzzy system", Departement of electrical engineering University of Manitoba Winmipeg, Cannada, R.S.P, Taunton, sonerset, England, 1998.

[49] C. H Chen, "Fuzzy logic and neural network handbook", IEEE Press, 1996. D. Hissel, P. Maussion, G. Gateau, J. Faucher, "Fuzzy logic control optimiza of electrica systems using experimental designs," In *proc. EPE'97*, Trondheim, Norway, 8-10 september 1997, vol. 1, pp. 1.090-1.095.

[50] L. Baghli, "Contribution à la Commande de la Machine Asynchrone, Utilisation de la Logique Floue, des Réseaux de Neurones et des Algorithmes Génétiques", Thèse de Doctorat, Université Henri Poincaré, France, 1999.

[51] Y. Benbouazza, Y. Ait Gougam, R. Ibtiouen, "Régulation par logique floue d'une PMSM alimentée par onduleur de tension contrôlé en courant ", COMAEI'98, Bejaia, décembre 1998.

[52] A. M. Alimi, "Thé bêta fuzzy system : Approximation of standard membership functions", 17éme journées tunisiennes d'électrotechnique et d'automatique,1997.

[53] K. B. Lee and F. Blaabjerg, "Improved Direct Torque Control for Sensorless Matrix Converter Drives with Constant Switching Frequency and Torque Ripple Reduction ", International Journal of Control, Automation, and Systems (IJCAS), vol. 4, no. 1, pp. 113-123, February 2006.

[54] C. C. Lee, "Fuzzy logic in control system: Fuzzy logic controller- Part I", Trans. Syst. Man cybem, vol. 20, 02, pp. 404-418, mars/avril 1990.

[55] L. Rambault, "Conception d'une commande floue pour une boucle de régulation", Thèse de doctorat de l'Université de Poitiers, 1993.

[56] A. Rezzoug, L. Baghli, H. Razik, "Commande floue et domotique," in proc. Journées 1998 de la section electrotechnique, CLUB E.E.A, Nancy, France, 29-30 Janvier 1998, pp. 1-11.

[57] S. Stati, L. Solvatore, "Design of four fuzzy controllers for induction motors drives",IEEE-IAS,2000.

[58] Lamia youb , Aurelian Craciunescu,'' A Comparison of Various Strategies for Direct Torque Control of Induction Motors.'' University of Newcastle. Downloaded on December 17, 2008 at 07:32 from IEEE Xplore.

[59] B. Lee and R. Krishnan, "Adaptive Stator Resistance Compensator for High Performance Direct Torque Controlled Induction Motor Drive", Proc. of IEEE IAS Annual Meeting, St. Louis, MO, pp 423, 1998

[60] L .Cabrera, M. Elbuluk and I. Husain, "Tuning the Stator Resistance of Induction Motors Using Artificial Neural Network", IEEE Transactions on power electronics, Vol.12, No.5, pp. 879-886, september1997.

[61] E. Al-radadi, "Direct Torque Neuro-fuzzy Speed Control of an Induction Machine Drive Based on a New Variable gain PI Controller", Journal of Electrical Engineering, vol. 59, no. 4, 2009.

[62] P. Z. Grawbowski, M. P. Kazmierkowski, B. K. Bose, F. Blaabjerg, "A Simple Direct-Torque Neuro-Fuzzy Control of PWM Inverter Fed Induction Motor Drive", IEEE transactions on Industrial Electronics, vol. 47, pp. 863-870, August 2000.

[63] M. Aktas and H.B Okumus, "Neural Network Based Stator Resistance Estimation In Direct Torque Control Of Induction Motor", IJCI Proceedings of Intl. XII. Turkish Symposium on Artificial Intelligence and Neural Networks, Vol.1, No.1, July 2003

[64] M. E. Haque and M. F. Rahman, "The effect of stator resistance variation on direct torque controlled permanent magnet synchronous motor drives and its compensation", In Conf. Rec. AUPEC'00, Australia, 2000.

[65] S. Haghbin, M. R. Zolghadri, S. Kaboli and A. Emadi, "Performance of PI Stator Resistance Compensator on DTC of Induction Motor", Proceedings of The 29th Annual Conference of the IEEE Industrial Electronics Society IECON03, PP 425-430, Roanoke,VA, USA.2009.

[66] Mir, D. S. Zinger, and M. E. Elbuluk, PI and Fuzzy estimator for tuning the stator resistance indirect torque control of induction machinece. : In IEEE tansaction on power electronics, vol. 13 (1998), No. 2, march 1998, p. 464-471

[67] R.Toufouti S.Meziane, H. Benalla, "Direct Torque Control for Induction Motor Using Fuzzy Logic", Proc. ACSE Journal, Vol. 6, Issue 2, pp. 19 – 26, Jun. 2006.

[68] C. Bharatiraja, S. Jeevananthan, R. Latha, "A Novel Space Vector Pulse Width Modulation Based High Performance Variable Structure Direct Torque Control Evaluation of Induction Machine Drives", International Journal of Computer Applications, vol. 3, no. 1, pp. 33-38, June 2010.

[69] Jinlian Deng, Tu Li, " Improvement of direct torque control low-speed performance by using fuzzy logic technique ", IEEE Conference on Mechatronics and Automation, Luoyang, 2006, pp.2481-2485.

[70] W. Huangang, X. Wenli, Y. Geng, L. Jian, "Variable Structure Torque Control of Induction Motors Using Space Vector Modulation", Electrical Engineering, vol. 87, pp. 33-38 Springer-Verlag, 2004.

[71] Ozkop E, Okumus H I, "Direct torque control of induction motor using space vector modulation (SVM-DTC)", 12th International Middle-East on Power System, MEPCON, 2008, pp. 368-372.

[72] J. Soltani, G. R. A. Markadeh, and N. R. Abjadi, "A new adaptive direct torque control (DTC) scheme based-on SVM for adjustable speed sensorless induction motor drive," in ICEMS, Seoul, Korea, Oct. 8–11, pp. 497–502, 2007.

[73] H. Li, Q. Mo, Z. Zhao, " Research on Direct Torque Control of Induction Motor Based on Genetic Algorithm and Fuzzy Adaptive PI Controller", International Journal on Measuring Technology and Mechatronics Automation, vol. 3, pp. 46-49, 2010.

[74] S. Benaicha, R. Nait-Said, F. Zidani, M-S. Nait-Said, B. Abdelhadi, "A direct torque fuzzy control of SVM inverter-fed Induction Motor drive", Proc. of the International Journal of Artificial Intelligence and Soft Computing Vol. 1 Nos. 2-4, pp. 259 270, 2009.

[75] M. Jasinski, D. Swierczynski, M. P. Kazmierkowski, "Novel Sensorless Direct Power and Torque Control of Space Vector Modulated AC/DC/AC Converter", IEEE International Symposium on Industrial Electronics, vol. 2, pp. 1147-1152, 2004.

[76] D. Swierczyski, Direct Torque Control with Space Vector Modulation (DTC-SVM) of Inverter-Fed Permanent Magnet Synchronous Motor Drive, Ph.D. Thesis, Warsaw, Poland, 2005.

[77] M. Zelechowski, Space Vector Modulated – Direct Torque Controlled (DTC-SVM) Inverter-Fed Induction Motor Drive, Ph.D Thesis, Warsaw University of Technology, 2005.

[78] K. Zhou and D. Wang, " Relationship Between Space-Vector Modulation and Three-Phase Carrier-Based PWM: A Comprehensive Analysis, IEEE transactions on industrial electronics, vol. 49, no. 1, pp. 186-196, February 2002.

[79] M. Bounadja, A.W. Belarbi, B. Belmadani, "Stratégie Modifiée du Contrôle Direct de Couple d'une Machine à Induction avec Modulation Vectorielle pour l'Alterno–Démarreur Intégré",

[80] Domenico Casadei, Giovanni Serra and Angelo Tani, "Implementation of a Direct Torque Control Algorithm for Induction Motors Based on Discrete Space

Vector Modulation", IEEE Trans. Ind. Applicat., vol. 15, No.4 pp. 769–777, July 2000.

[81] T. Brahmananda Reddy, B. Kalyan Reddy, J. Amarnath, D. Subba Rayudu, and Md. Haseeb Khan, "Sensorless Direct Torque Control of Induction Motor based on Hybrid Space Vector Pulsewidth Modulation to Reduce Ripples and Switching Losses – A Variable Structure Controller Approach", IEEE Power India Conference, 10-12 April 2006.

[82] Abdel-kader F M, EI-Saadawi A, Kalas A E, EI- baksawi O M, "Study in direct torque control of induction motor by using space vector modulation", 12th International Middle-East on Power System, MEPCON, 2008, pp. 224-229.

[83] Zhang, J.; Rahman, M.F.; Tang, L, "Modified Direct Torque Controlled Induction Generator with Space Vector Modulation for Integrated Starter Alternator", Power Electronics and Motion Control Conference, The 4th International, Issue , 14-16 Aug. 2004 Page(s): 405 408 Vol.1.

[84] Keyhani, H.R. Zolghadri, M.R. Homaifar, A, " An extended and improved discrete space vector modulation direct torque control for induction motors" , Power Electronics Specialists Conference, IEEE 35th Annual 20-25 June 2004, on page(s): 3414- 3420 Vol. 5.

[85] Tang, L.; Zhong, L.; Rahman, A.F.; Hu, Y. , " An investigation of a modified direct torque control strategy for flux and torque ripple reduction for induction machine drive system with fixed switching frequency ",Industry Applications Conference, 37th IAS Annual Meeting.Conference Record of the,. Issue, 2002 Page(s): 837 - 844 vol.2

[86] Zool Hilmi Bin Ismail "Direct Torque Control of induction motor drives using Space Vector Modulation (DTC-SVM)", Master thesis of Engineering Faculty of Electrical Engineering University Technology Malaysia 2005.

[87] Marcin Żelechowski "Space Vector Modulated-Direct Torque Controlled (DTC-SVM) inverter- Fed Induction Motor Drive", Thése de Doctorat, Faculty of Electrical Engineering Warsaw – Pologne, 2005.

[88] Yi Wang, Heming Li, Xinchun Shi "Direct Torque Control with Space Vector Modulation for Induction Motors Fed by Cascade Multilevel Inverters", IEEE Industrial Electronics, 32nd Ann. Conf. pp. 1575 – 1579, Nov. 2006.

[89] D. Casadei, G. Serra, A. Tani "Implementation of a Direct Torque Control Algorithm for Induction Motors Based on Discrete Space Vector Modulation", IEEE Transactions on Power Electronics, Vol. 15, NO. 4, Jul. 2000.

[90] M. Jasinski, D. Swierczynski, M. P. Kazmierkowski, "Novel Sensorless Direct Power and Torque Control of Space Vector Modulated AC/DC/AC Converter", IEEE International Symposium on Industrial Electronics, vol. 2, pp. 1147-1152, 2004.

[91] Hong-Wen Wang; Wei-Ping Cui; Xin Zhang and ; Jin-Quan Ren , " An improved method of low speed torque ripple based on adaptive fuzzy torque tracking

controller", Machine Learning and Cybernetics, 2004. Proceedings of 2004 International Conference on. Issue ,26 29 Aug. 2004 Page(s): 519 - 522 vol.1.

[92] Abdesselem Chikhi, Khaled Chikhi, Sebti Belkacem "Induction Motor Direct Torque Control– Fuzzy Logic Contribution" A. CHIKHI et al. / IU-JEEE Vol. 10(2), (2010), 1207-1212

[93] R. Toufouti and S.Meziane and H. Benalla, "Direct Torque Control for Induction Motor Using Fuzzy Logic" , ICGST International Journal on Automatic Control and Systems Engineering, ACSE. Volume 6 - Issue 2 2006.

[94] Z. Koutsogiannis, G. Adamidis, and A. Fyntanakis, "Computer Analysis of a Direct Torque Control Induction Motor Drive Using a Fuzzy Logic Speed Controller" XVII International Conference on Electrical Machines, September 2006.

[95] J Rodriguez, P Cortes and S Kouro. Model Predictive Control with constant switching frequency using a Discrete Space Vector Modulation with virtual state vectors. In Industrial Technology, 2009. ICIT 2009. IEEE International Conference on, Pages 1-6, February 2009

[96] A. Miloudi, E. A. Al-radadi, A. D. Draou, "A Variable Gain PI Controller Used for Speed Control of a Direct Torque Neuro Fuzzy Controlled Induction Machine Drive", Turk Jour Elec Engin, vol. 15, no. 1, pp. 37-49, 2007.

[97] M. Jasinski, D. Swierczynski, M. P. Kazmierkowski, "Novel Sensorless Direct Power and Torque Control of Space Vector Modulated AC/DC/AC Converter", IEEE International Symposium on Industrial Electronics, vol. 2, pp. 1147-1152, 2004.

[98] S. M. Gadoue, D. Giaouris, J.W. Finch, "Tuning of PI speed controller in DTC of induction motor based on genetic algorithms and fuzzy logic schemes", Proceedings of the 5th International Conference on Technology and Automation, pp. 85–90, 2005.

[99] Rhan Akin, Mehmet Karakose "A New Fuzzy Rule Based Transition Algorithm Between Flux Models for Speed Sensorless Vector Controlled Induction Motor Drives at Low Speed Region"; Electric Power Components and Systems, Vol. 33, No. 11. (November 2005), pp. 1269-1280

[100] S. M. Gadoue, D. Giaouris, J.W. Finch, "Artificial Intelligence-Based Speed Control of DTC Induction Motor Drives-A Comparative Study", Electric Power Systems Research Elsevier, vol. 79, pp. 210–219, 2009.

[101] Abdesselam Chikhi1, Khaled Chikhi ,Sebti Belkacem ," Fuzzy Estimator in Direct Torque Control of Induction Motor Based on Space Vector Modulation", JECE Vol. 2 No. 2, 2012 PP. 35-39 ○C 2011-2012 World Academic Publishing.

Oui, je veux morebooks!

i want morebooks!

Buy your books fast and straightforward online - at one of the world's fastest growing online book stores! Environmentally sound due to Print-on-Demand technologies.

Buy your books online at
www.get-morebooks.com

Achetez vos livres en ligne, vite et bien, sur l'une des librairies en ligne les plus performantes au monde!
En protégeant nos ressources et notre environnement grâce à l'impression à la demande.

La librairie en ligne pour acheter plus vite
www.morebooks.fr

OmniScriptum Marketing DEU GmbH
Heinrich-Böcking-Str. 6-8
D - 66121 Saarbrücken
Telefax: +49 681 93 81 567-9

info@omniscriptum.de
www.omniscriptum.de

Printed by Books on Demand GmbH, Norderstedt / Germany